U0381594

30+ 逆龄美肌术

[日] 永井佳子 著

张佳颖 译

世界图书出版公司

上海·西安·北京·广州

图书在版编目（CIP）数据

30⁺逆龄美肌术 /（日）永井佳子著；张佳颖译. —上海：上海世界图书出版公司，2016.7
ISBN 978-7-5192-0721-2

I. ① 3… Ⅱ. ① 永… ② 张… Ⅲ. ① 女性—皮肤—护理—基本知识 Ⅳ. ① TS974.1

中国版本图书馆CIP数据核字（2016）第025735号

责任编辑：孙雯蓉
封面设计：孙炎灵

30⁺逆龄美肌术

［日］永井佳子　著　　张佳颖　译

上海世界图书出版公司出版发行
上海市广中路88号
邮政编码 200083
上海新艺印刷有限公司印刷
如发现印装质量问题，请与印刷厂联系
（质检科电话：021-56683130）
各地新华书店经销

开本：890 × 1240　1/32　印张：3.5　字数：70 000
2016年7月第1版　2016年7月第1次印刷
印数：1-5000
ISBN 978-7-5192-0721-2 / T · 220
图字：09-2015-886号
定价：32.80元
http://www. wpcsh.com
http://www. wpcsh.com.cn

前言

本书介绍的是我自创的逆龄美肌术，让我们摆脱化妆品来创造你专属的自然美肌。

在东京涩谷开设沙龙以来，已有众多女性体验过了逆龄美肌术带来的美肌效果。逆龄美肌术是用提拉全身肌肉和表层皮肤的手法来进行保养的。有很多初次体验的女性，一开始会对这种简单的手法是否真能起到显著效果而表示诧异，而实际体验过后，几乎所有人都会爱上这种美容手法。

事实证明，仅凭这简单的手法，即能拥有卓越的美肌效果。只需用简单轻柔的提拉肌肤的手法，就可以促进微循环，让肌肤充满弹性、水润、富有光泽。我也有在很多其他沙龙以及按摩中心体验过，都不及我自创的这种美容手法简单，并给人以震撼力。

自从坚持使用了逆龄美肌术后，从此让我拥有了与色斑、干燥、浮肿等无缘的健康肌肤。我不再需要像之前一样花很多钱上美容院，或去购买昂贵的化妆品。激发出肌肤自身的潜能，不需要多花金钱就可以发现你最自然的美。

本书所写内容都是我亲身经验的总结，我想传达给大家的美容信息是："通过自身的努力，就可以激发出肌肤内在的美丽。"逆龄美肌术很容易掌握，每一位读者都可以轻松上手。

我为平常来沙龙的顾客们实施这套美肌手法后，获得一致好评。本书记下这个宝贵的诀窍，就是希望有更多人能够去实践它。

永井佳子

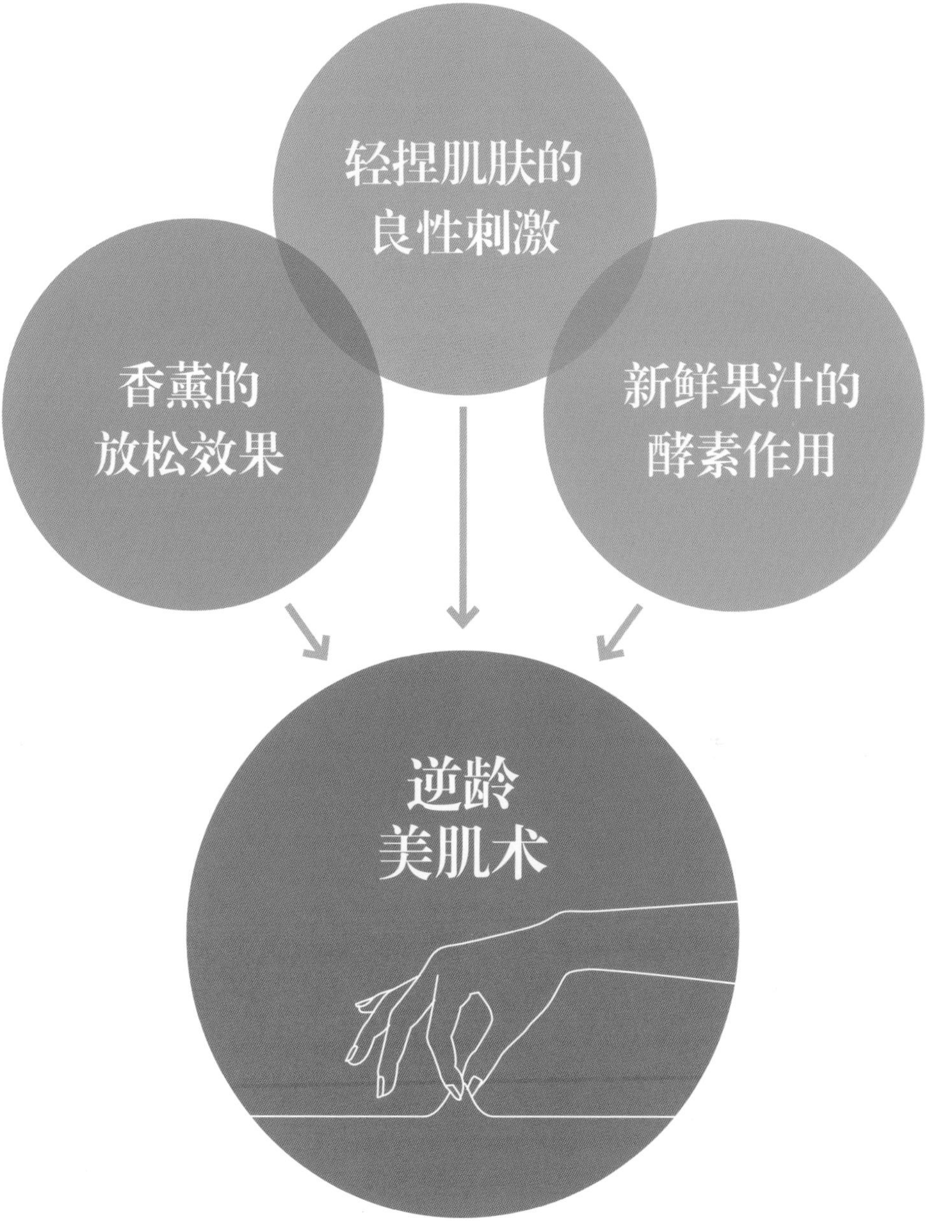

轻捏肌肤的良性刺激

香薰的放松效果

新鲜果汁的酵素作用

逆龄美肌术

逆龄美肌术的十大优点

1. 激发肌肤自身原有的弹性
2. 焕发肌肤的水润以及光泽
3. 缓解僵硬的肌肤，减少色斑和干纹
4. 促进肌肤微循环，让肌肤变得更通透明亮
5. 让血液以及淋巴畅通，调整代谢水平
6. 身心愉悦
7. 软化肌肉组织
8. 提升免疫机能，变成不易生病的体质
9. 改善寒体症，让身体变得热乎乎
10. 调整自律神经的平衡性

目录

第1章 逆龄美肌术让**美丽加分**

第2章 简单逆龄美肌术**美肌步骤**

第3章 健康身体焕发健康之美

第4章 “健康美人”的美丽生活宝典

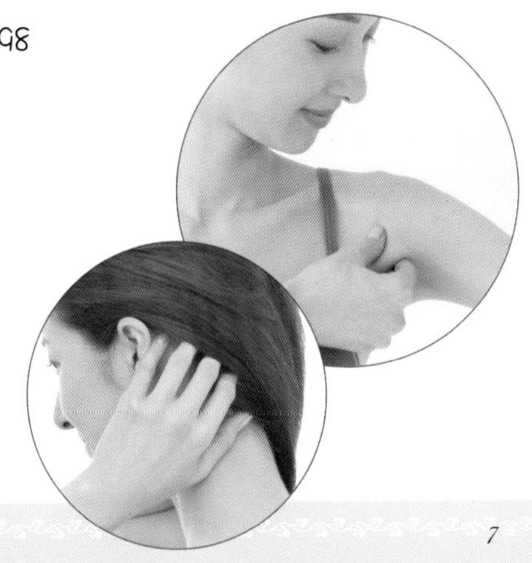

第 1 章

逆龄美肌术让美丽加分

她在东京涩谷新开设的美容沙龙，短短 2 年，就成了预约爆棚的人气店铺。毫不夸张地说只要来店体验过的女性，都会被这全新感受的美容术所俘虏。

让我们一同揭开它高人气的神秘面纱吧！

你的颜龄是否超过了你的年龄

肌肤比你想象的更易受损!

在每天繁忙的生活中,大多数人都很注意对脸部的保养。即使对保养品都精挑细选考虑周到,却仍然受到肌肤暗沉、黑眼圈、肌肤松弛、一脸倦容等问题的困扰,你遇到过类似烦恼吗?脸部肌肤由于一直是裸露在外的,虽然使用了昂贵的保养品来护理,脸部肌肤还是会受到比预想更多的损伤。显而易见的脸部松弛、暗沉以及倦容是让人看起来比实际年龄更大的主要因素。

另外,这些因素其实是从20岁开始就已经慢慢形成了。例如,因外部环境的变化而造成的,或脸部肌肉的肌力下降等等。还有肌肤的水分平衡被破坏,失去弹性后会影响新陈代谢,导致气血不通。甚至进一步导致皮下脂肪的堆积,肌肉力度降低,法令纹变深,脸部轮廓不清晰,气色不佳。并且,肌肤的暗沉和松弛,是经年累月逐渐显现在脸上的,细微的变化让人不易察觉。

打造自然美肌的逆龄美肌术,首先需要你正确了解自身肌肤的状态。每天,你需要确认自己整个脸部以及各个部位的状态,然后正式开始我们的逆龄美肌术进程吧!

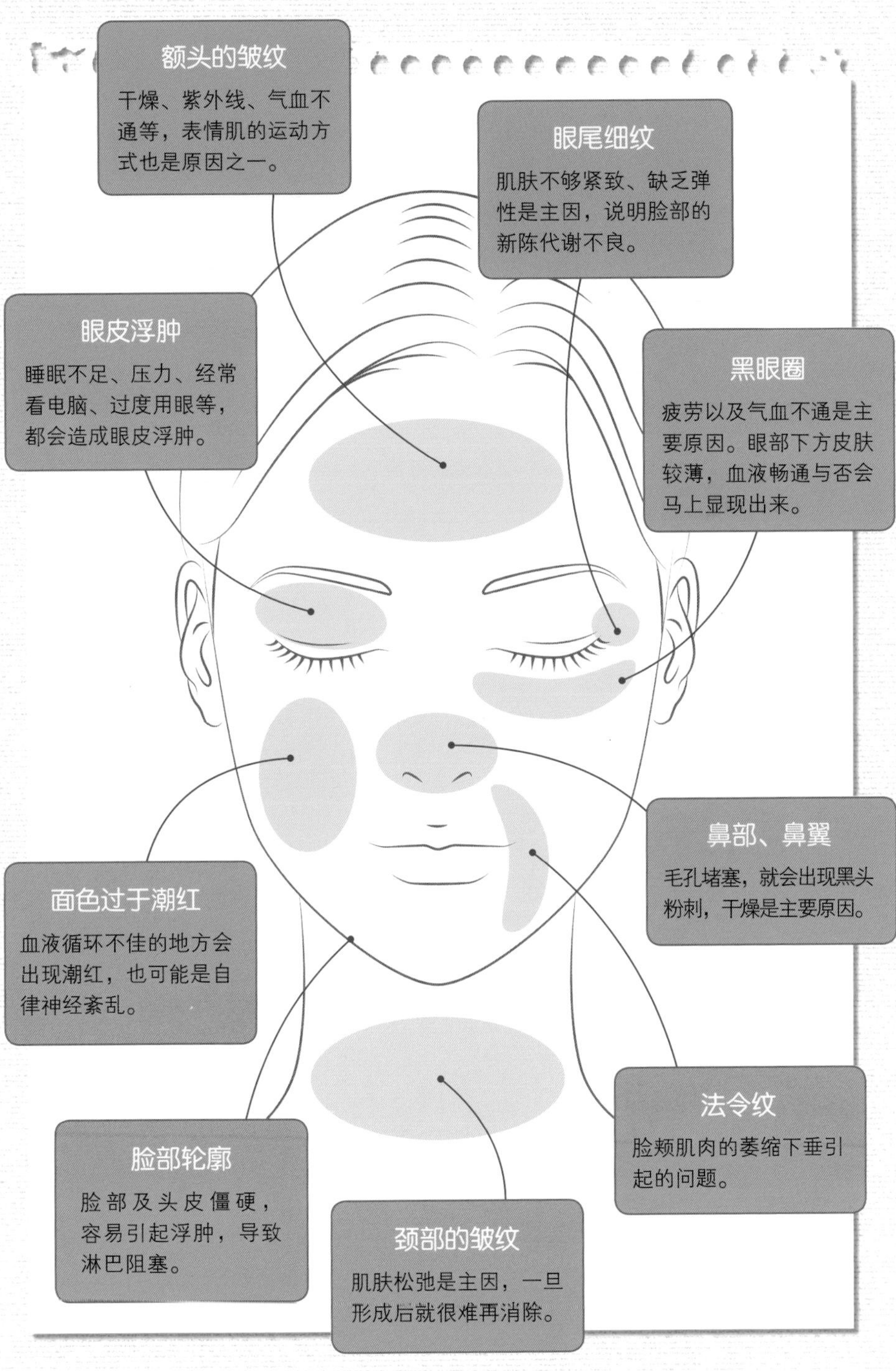
额头的皱纹
干燥、紫外线、气血不通等，表情肌的运动方式也是原因之一。
眼尾细纹
肌肤不够紧致、缺乏弹性是主因，说明脸部的新陈代谢不良。
眼皮浮肿
睡眠不足、压力、经常看电脑、过度用眼等，都会造成眼皮浮肿。
黑眼圈
疲劳以及气血不通是主要原因。眼部下方皮肤较薄，血液畅通与否会马上显现出来。
鼻部、鼻翼
毛孔堵塞，就会出现黑头粉刺，干燥是主要原因。
面色过于潮红
血液循环不佳的地方会出现潮红，也可能是自律神经紊乱。
法令纹
脸颊肌肉的萎缩下垂引起的问题。
脸部轮廓
脸部及头皮僵硬，容易引起浮肿，导致淋巴阻塞。
颈部的皱纹
肌肤松弛是主因，一旦形成后就很难再消除。

要清楚知道脸部的构造

为了10年后依然拥有自然的美肌，关键是血液循环与表情肌！

皮肤是由表皮层、真皮层、皮下组织共3层所构成的。真皮层是皮肤的根基部分，真皮层的内部充满着网状结构的胶原蛋白以及透明质酸成分。表皮层是细胞新生的地方，在表皮层内新生的肌肤细胞，会逐渐变化为角质细胞，而从表皮层表面自然脱落，一个细胞生命周期为28日，如此循环往复不断更替。因此，健康肌肤是可以靠自身产生养分，具备焕发新生的力量。

另外，肌肤需要从血液中获取营养，也就是说血管承担的是输送养分以及排除代谢物的角色。血液循环不佳，会让代谢物累积在体内，就会引起暗沉和松弛。

再者，血液循环不佳也是引起脸部肌肉、表情肌萎缩的要因。脸部有30个以上的肌肉组织构成，由此构成各种各样的表情，如果平时很少展露笑容，这些一直使用不到的脸部肌肉，就会逐渐萎缩。并且，由于保持肌肤弹性的源泉——胶原蛋白的减少以及脂肪的增加，会导致双下巴、嘴角、眼皮的下垂，如此失去弹性的脸部会让表情变得模糊。皱纹和松弛会让毛孔变得显眼，从而会加速脸部的衰老。

皮肤剖面

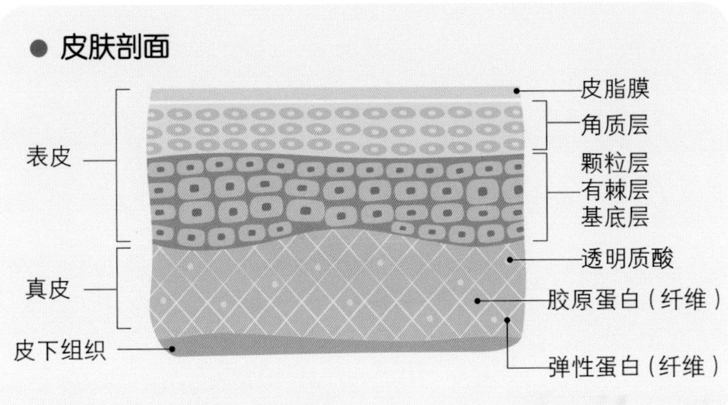

皮脂膜
角质层
表皮
颗粒层
有棘层
基底层
透明质酸
真皮
胶原蛋白（纤维）
皮下组织
弹性蛋白（纤维）

脸部主要肌肉

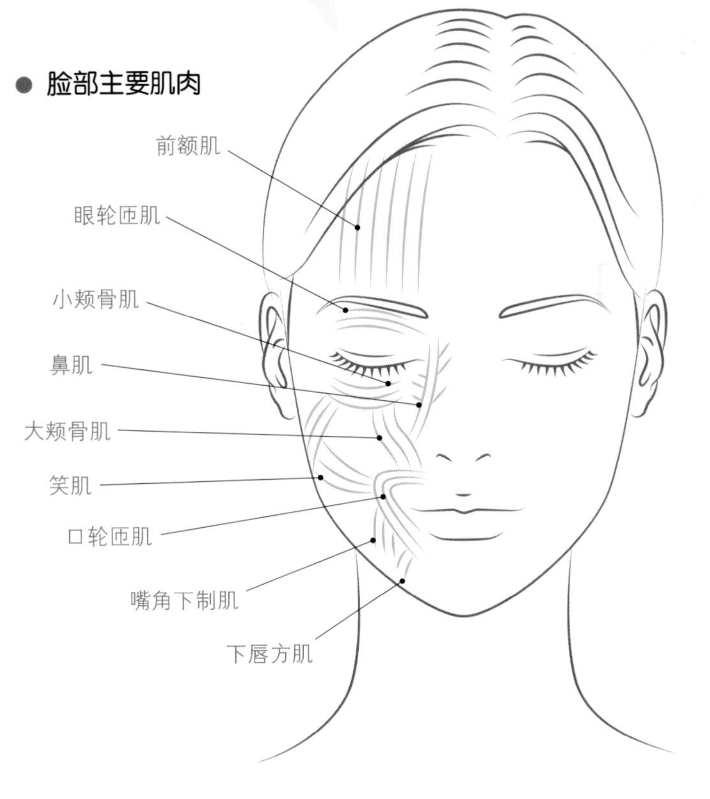

前额肌
眼轮匝肌
小颊骨肌
鼻肌
大颊骨肌
笑肌
口轮匝肌
嘴角下制肌
下唇方肌

美丽容颜的必需条件

肌肤是你心灵的镜子,由每天的保养来缔造美!

不少人看上去比实际年龄更显老,或总是满脸倦容而烦恼不已。肌肤的质感会直接左右人们对你的第一印象。因此,无论年龄多大的女性都始终追求拥有完美的肌肤。

说到何为美肌，一般会列出以下这些条件：①润泽；②平滑；③紧致；④有弹性；⑤肤色明亮。每个人的年龄、生活环境、体质都不同，但为了保养自身的肌肤，一定就会想要掌握更充分的知识。保持美丽肌肤的两大要点是，有规律的日常生活与均衡的饮食，这两点是无比重要的。而逆龄美肌术更是终极的美容法宝!

逆龄美肌术,需要你每天坚持挤出不算多的时间进行自我保养,持之以恒就能达到减轻色斑、皱纹、法令纹、松弛、暗沉的效果,轻触肌肤也会起到让人身心放松的效果。另外,良好的睡眠质量可以促进细胞新生,让你轻松拥有充满活力的肌肤。

而且,持续每天饮用 DIY 新鲜果汁,从身体内部给予肌肤养分,打造健康美肌。

保持美丽肌肤的检测清单

- □ 肌肤的纹路变得不细腻
- □ 眼尾的皱纹、法令纹
- □ 脸颊和下颚松弛下垂
- □ 肌肤容易失去水分，变得粗糙甚至干裂
- □ 嘴角下垂
- □ 眼睛下部的松弛，黑眼圈变得明显
- □ 整个脸部失去弹性，不再紧致
- □ 肌肤粗糙以及唇部干燥
- □ 色斑变多

对镜自照，看看自己的肌肤是否有相应的情况，若有其中一项就表示必须开始保养起来了。

“提拉”的手法比“按压”“点压”更有效果

舒缓肌肤，可以疏通体内系统。

说到为了减轻身体的僵硬、酸痛、生理不调的美容手法，你的脑海里会浮现出什么？

很多人，都习惯了会伴随着强烈的刺激的指压、针灸等方式。

对初次体验的顾客说明提拉的手法时，很多人会提出“和按压相比，会不会效果很小”这样的疑问。大家总觉得会不会因为身体感知的刺激很小，随之带来的效果也不明显。

但是，回答是“不”！

恰恰相反，比起所谓按压和针刺的强烈刺激，提拉带来的刺激好处会更多。

用力按压皮肤，会引发肌肉紧张，导致肌肉僵硬。并且，肌肤会失去弹性，最终导致松弛下垂。

显而易见，对于美容来说，肌肤松弛是最避之犹恐不及的事情吧。

反之，提拉肌肤，会让刺激直达肌肤深层，让淋巴、血液、代谢物等系

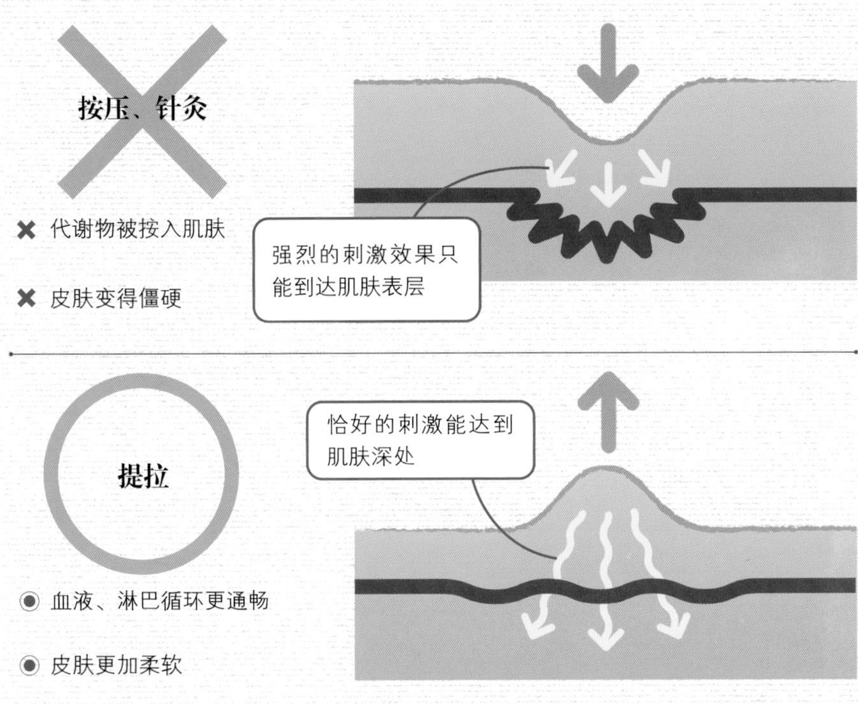
按压、针灸
代谢物被按入肌肤
皮肤变得僵硬
强烈的刺激效果只能到达肌肤表层
提拉
血液、淋巴循环更通畅
皮肤更加柔软
恰好的刺激能达到肌肤深处

统得到改善。并且与按压肌肤及肌肉所呈现的状态相反，会变得愈加柔软。

简而言之，通过提拉，可以帮助肌肤重获紧致与弹性。不仅如此，柔软的肌肉还可以塑造柔韧优美的脸部轮廓以及身体线条。

除此以外，提拉的优点还有很多。"有即效性""温和的刺激不用担心会给身体增加负担""血液循环良好，代谢顺畅""温柔且有韵律的刺激，能让身心以及大脑得到充分的放松，能让免疫系统运作起来"等等。

可以让生理不调得到改善，正因为几乎没有缺点（对身体无负担），逆龄美肌术才能获得那么多人的支持与认可。

逆龄美肌术让女性变得更靓丽

终极美容术在于运用“放松身心＋美容手法＋均衡膳食”，让身心得到更有效率的保养。

逆龄美肌术包含了三个部分：提拉肌肤的美容手法，让人心情放松的香薰和DIY新鲜果汁，是一套专为女性打造的美容手法。

追求美的同时，情绪和身体的关系是密不可分的。因此，我非常重视缓解紧张情绪。

作为调整心绪的方法，在沙龙里最为常用的就是香薰了。香薰可以瞬间营造放松的环境，让人身心放松。再者，各式各样的香薰又对美肌有着各种不同的功效。（与此相关的内容在第54页会做详细说明。）

放松，让身体的紧张得到舒缓后，才是最适合使用逆龄美肌术的状态。在这个时间点，给予身体适度刺激，效果会倍增。

最后，就轮到逆龄美肌术最具特色的DIY新鲜果汁粉墨登场了。新鲜果汁中所包含的酵素会让新鲜的营养高效率地被搬运到体内，由身体内部发生美的转变。

这是在沙龙里提供的美容方法。本书中，会不遗余力地把逆龄美肌术的精粹分享给大家。有了本书，在家就可以再现在沙龙里体验到的美容方法了。1 天花 5 分钟的超简单美肌操，配合香薰，还有 DIY 新鲜果汁，让我们一起拥有润泽、透亮、零烦恼的美肌，气色红润的容颜和健康的身体。

逆龄美肌术所追求的终极“健康美人”

让身体受到伤害的美容方法是百害无一利的。

在沙龙，每天都会接待各式各样的女性顾客。

但是，带着想要变美的美好愿望，却做着完全相反的事情——这样的女性顾客是何其多！

当然，我自己也有过相同的经历，因此深有体会。因为没有时间就随意吃方便面或者点心果腹，坐在办公桌前完全不活动身体，魔鬼式减肥让身体受到伤害，为了时髦穿得只要风度不要温度，高档化妆品拼命往脸上涂抹……这所有的一切都会让美离你渐行渐远。

例如，持续穿着太紧身的内衣，抑或着装单薄，结果都会让血液循环系统变差，皮肤的气色当然也就会显得不佳。就算再用高档化妆品拼命涂抹装点成健康肌肤，这样不是很奇怪吗？

有过化妆品研发、新鲜果汁研发、经营美容沙龙经验的我，从实践中学习到了很多美容知识，并且深切地意识到“让身体受到伤害来追求美”这样的想法，是百害无一利的。

健康肌肤,原本可以不用保养品来给予肌肤营养,就能自然散发出光泽,保持紧致和弹性。反之,给予营养过剩,会阻碍机体自身的调节作用,反而有可能是有害的。

我认为“真正的美”是建立在健康身体的基础之上才能成就的。不让体内滞留不需要的物质,让体内所需要的物质得到良好的循环,激发出身体内在的美!始终保持心情舒畅,用好心情笑迎每一天。这才应该是我们所追求的目标“健康美人”!

逆龄美肌术的首要目的是健康,然后是自然焕发出的美。不仅仅只是外表变得美,还能击退各种生理不调,绝对是一石二鸟的最佳美容法。

第 2 章与第 3 章的使用方法

详解沙龙PuLLskin Body's
所实施的美容手法，诊断和建议指导。
为了让大家能切身感受到在家与在沙龙一样的效果，
请一定要活用逆龄美肌术。

开启逆龄美肌术的体验

详细解说各种按摩手法

开始
眼睛下方
提拉眼睛下方
微微抖动眼睛下方
眼睛上方
提拉眼皮
微微抖动眼皮
28
29

实践让自己变得更美的生活宝典

为大家介绍体质诊断测试以及DIY新鲜果汁的秘制配方

通过体质诊断找到适合自己的美容方法
先从了解自己开始！
C
D
E
F
B
你属于哪种类型？
气虚型 血虚型 水虚型 气滞型 瘀血型 水肿型
71
绿色新鲜果汁
胡萝卜莓果果汁
86
87

简单逆龄美肌术美肌步骤

让我来介绍一下简单逆龄美肌术。

只需简单的按摩，每日持之以恒，就能达到在沙龙美容体验的同样效果。

5 分钟轻松搞定！让我们从今天开始行动吧。

实现逆龄美肌的生活小贴士

难以记住复杂的美容技巧，三天打鱼两天晒网，没法坚持。现在就让我来解答大家的烦恼。

自我保养离不开以下两点,正确使用专业的手法,并贵在坚持。因此,我认为逆龄美肌术是最适合自我保养的一种方法。

之所以这么说,因为方法很简单。所需要的专业手法完全可以快速学会,并起到与专业技师不相上下的效果。而且,提拉这个动作并不需要任何道具或场所,任何时候任何地点都能轻松实现。

我们可以利用早晚间的护肤时间,或工作时间,或看电视的时间,或泡澡的放松时间。

只需每天坚持做一些简单的护肤步骤,就能获得意想不到的效果！肌肤吹弹可破,滋润犹如新生。皱纹和肌肤的松弛可以得到缓解,肌肤暗沉和黑眼圈等问题也能改善,肤色也会变好,整个面部轮廓变得更加清晰。

即使不用高价的保养品,也能使我们的素颜变得更美。希望通过我们的美容法,可以让大家体验到如在美容院保养般的美丽蜕变。

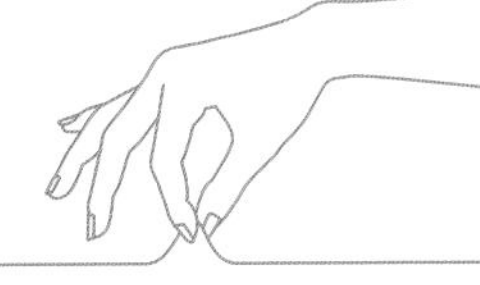

逆龄美肌术的小诀窍

可以让身心充分放松的环境

在平时泡澡或香薰时，身体在自然放松状态下，更容易提拉。当然，效果也会事半功倍。

不需要任何道具，何时何地都可实施

逆龄美肌术所需的，仅是您的两根手指。不需要任何道具和场所。关键是只要想起来就可去行动，无论你是在乘地铁或在看电视。

持续实践两周，每天坚持一点点

仅仅是5分钟的实践，就能改善肤色和肌肤状态。如果能持续两周，定能体会到肌肤的巨大变化，例如，皮肤会变得滋润，有光泽，细纹会变浅等等。

适度提拉，避免产生疼痛感

要避免提拉时出现红肿和留印。接触到穴位的部分难免会产生疼痛感，在这里要反复强调的是一定要避免用力过度。

逆龄美肌术的基本手法

美容院难以预约，那我们可以通过自我保养，来获取和在美容院体验的同等效果。让我们先来掌握逆龄美肌术的基本美容手法吧。

逆龄美肌术最大的特征是,适用于所有人。提拉这个过程绝不意味着强烈的刺激,所以不会有危险。不仅仅针对肌肤敏感人群或有肌肤烦恼的人群,孕妇或婴儿的肌肤也同样适用。

而且,还有一个好处是,它赋予肌肤的卓越效果比仅仅是按压或者针灸会更好。

每天的美肌操需要的基本手法仅需 3 点。根据面部肌肉及其方向,使用最适当的手法即可。这些手法并不复杂,相信每个人都能够坚持下去。

不少人在参加完美容院定期举办的美容手法讲座后,很容易对其简单而令人舒畅的操作手法上瘾。持续两三天后,就会变成一种习惯,不经意的就会捏起自己的脸蛋来。请各位在公共场合一定要注意,不要一不留神就捏起自己的脸蛋哦。

以皮肤受寒和僵硬的部位为中心，仅仅是提拉就会有效果

先来掌握基本的三个动作

揉捏

向上提拉皮肤

抖动

左右抖动向上提拉的皮肤

抚平

上下或左右抚平皮肤

逆龄美肌术的基本手法

1

揉捏

逆龄美肌术中最基本的美容手法，即利用两根手指来提拉皮肤的动作。这个动作的目的是将轻柔的刺激输送到肌肤内部，因此完全没必要使用太大力而导致留下明显痕迹。这种刺激可以改善皮肤内的血液和淋巴等的流动性，提高新陈代谢。于是，激发出自我生成胶原蛋白和透明质酸等物质的能力。最终，我们就能逐渐感受到肌肤由内而外的紧致与弹性。

向上提拉皮肤

用大拇指和食指的指腹捏住皮肤，然后轻轻向上提拉。基本是以2~3秒的节奏来回进行。

轻轻揉捏皮肤

用大拇指和食指揉捏皮肤。关键点是以每次2~3秒的节奏，缓缓地、小动作地进行揉捏。

逆龄美肌术的基本手法 2

抖动

皮肤上下抖动这个动作，是提拉手法的加强版。这个手法可以针对皮肤僵硬、不容易揉捏的部位，可使皮肤的深层也达到效果。当面部出现红斑、粉刺的时候，可轻缓地抖动皮肤，使其稳定。与之相反，当面部干燥，或有细纹和黑眼圈的时候，可微微地快速抖动，使其激活。我们可以根据症状来选择合适的手法。

缓慢地抖动

用大拇指和食指的指腹揉捏皮肤，并上下、左右缓慢抖动。

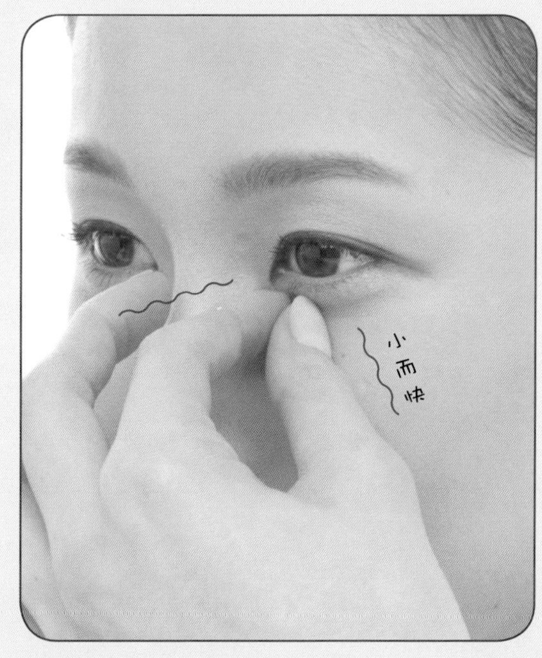

微微地抖动

用大拇指和食指揉捏小部分皮肤，并上下抖动。为了达到美容院里的美容器械震动时的效果，尽量快速抖动。

逆龄美肌术的基本手法

3

抚平

将皮肤左右或上下提拉的动作手法主要用于抚平皱纹。原本皱纹就是因为皮肤变僵硬而引起的。因此，是可以通过软化皮肤而改善的。而要达到这个目的，在抚平皮肤的基础上，再加上提拉会更有效果。另外，抚平的动作可以使皱纹消失的状态形成形状记忆。我们可以一边抚平，一边想象着皱纹消失的状态，这样效果会更佳。

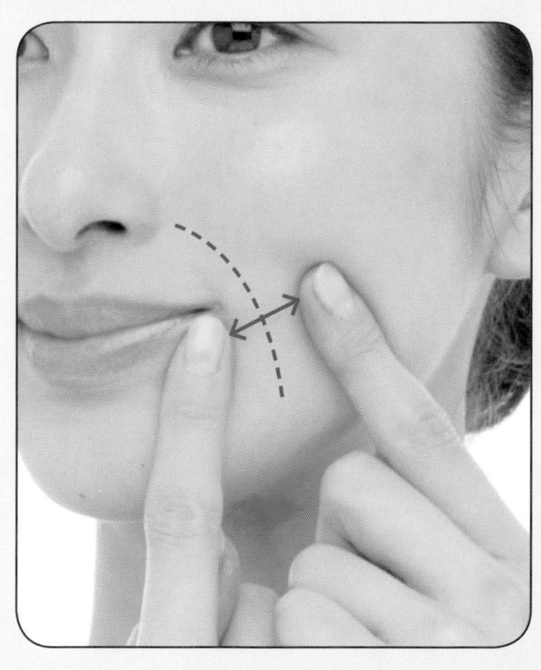

抚平纵向皱纹

用双手的食指指腹，抚平皱纹明显的部位。抚平法令纹等纵向皱纹时，务必将双手手指左右扩张。

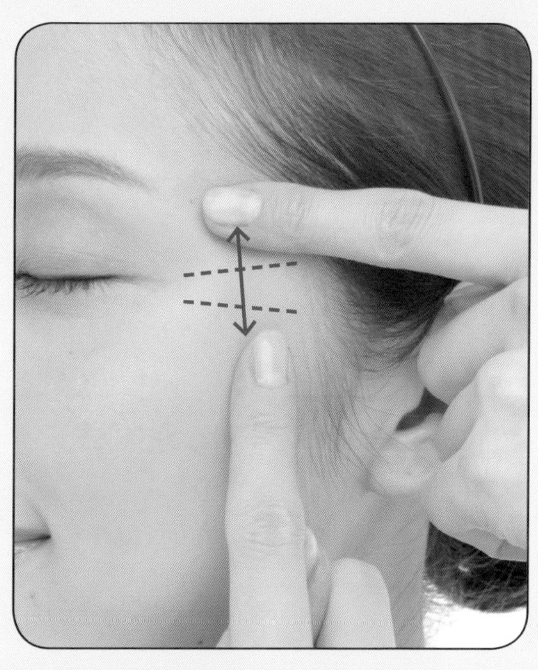

抚平横向皱纹

用双手的食指指腹，抚平皱纹明显的部位。抚平眼尾等部位的横向皱纹时，务必将双手手指上下扩张。

和护肤同时进行的

早间5分钟美肌操

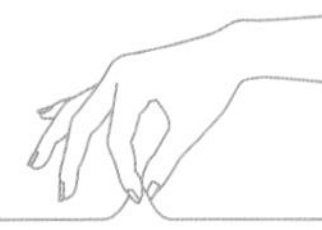

美肌操的步骤

眼部　眼尾　敏感部位

通过提拉+抖动，护理眼部周边。以下所列症状是血液滞留引起的，可通过微微抖动皮肤，给予其刺激来消除这些症状。

改善症状

黑眼圈、松弛、浮肿

通过提拉+抚平，击退眼尾皱纹。要注意抚平的方向。另外，务必通过提拉改善血液循环之后，再往左右抚平皮肤。

改善症状

细纹

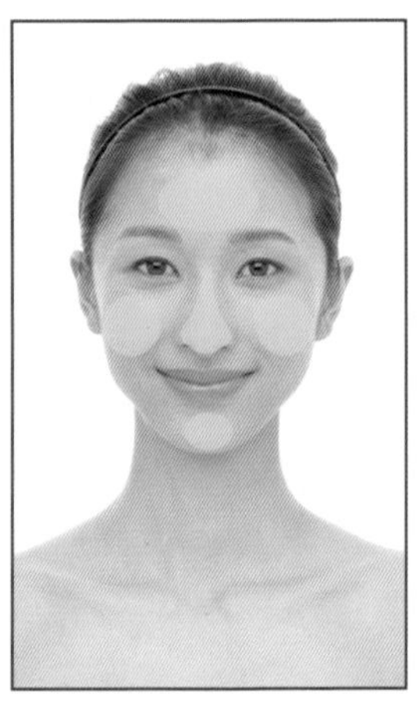

提拉脸颊、鼻子、下巴、额头和唇部等敏感部位。无论是哪个部位，都可按照症状去变换节奏。

改善症状

色斑、雀斑、粉刺、干燥、红斑

一气呵成，防止面部老化，集中护理。与早间护肤同时进行，持续不间断。只要试过一次，就能感受到完全不同以往的上妆效果。

嘴角

从嘴角到鼻翼，不断往上提拉之后，抚平法令纹。一定要注意抚平皱纹的方向。

改善症状

嘴角下垂、法令纹

面部轮廓

从耳朵开始，沿面部轮廓往下巴中间轻轻推拉，将堆积的物质向下排出。

改善症状

浮肿、下垂

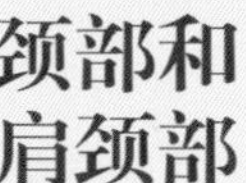

颈部和肩颈部

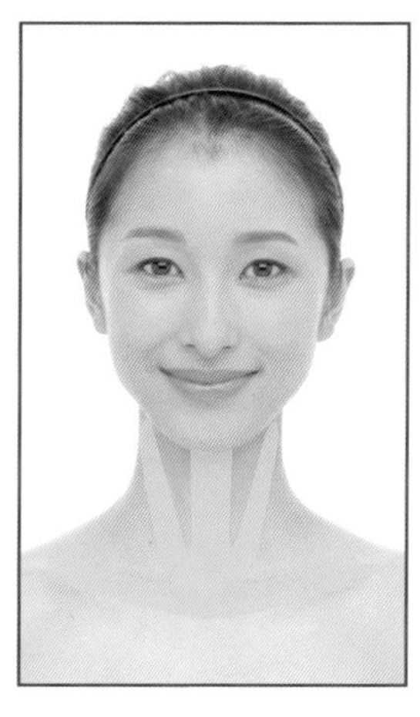

围绕颈部前后和肩颈部，进行细致提拉，疏通肩颈部周边淋巴。

改善症状

淋巴阻塞

从下一页开始会有更详细的实践操作介绍

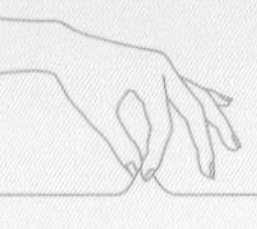

眼睛下方

提拉眼睛下方

用大拇指和食指捏住眼睛下方，大致分5次沿眼头至眼尾方向提拉。要注意不能用力过大。

微微抖动眼睛下方

用大拇指和食指捏住眼睛下方，并上下微微抖动。提拉→抖动眼睛下方的动作，另一侧也可同样进行。

黑眼圈和松弛的现象是由血液滞留引起的。可针对血液滞留部位进行揉捏，使血液顺畅。

眼睛上方

提拉眼皮

用大拇指和食指捏住眼皮，大致分5次沿眼头至眼尾方向提拉。要注意不能用力过大。

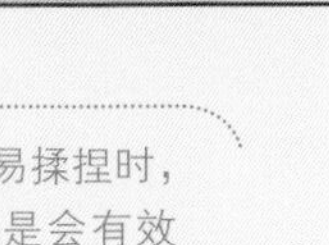

当眼皮浮肿不容易揉捏时，轻轻抖动眼皮也是会有效果的。

微微抖动眼皮

用大拇指和食指捏住眼皮，并上下微微抖动。提拉→抖动眼皮的动作，另一侧也可同样进行。

当眼皮浮肿不容易揉捏时，轻轻抖动眼皮也是会有效果的。

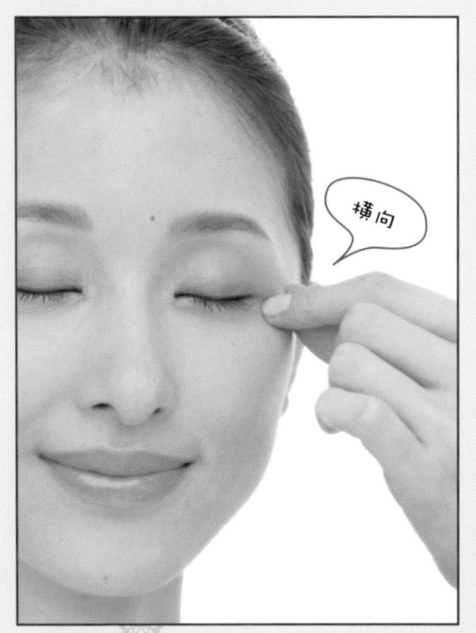

眼尾

提拉眼尾

用大拇指和食指揉捏眼尾，揉捏的方向与皱纹的方向垂直。以间隔两秒的节奏往上慢慢提拉，重复3次。

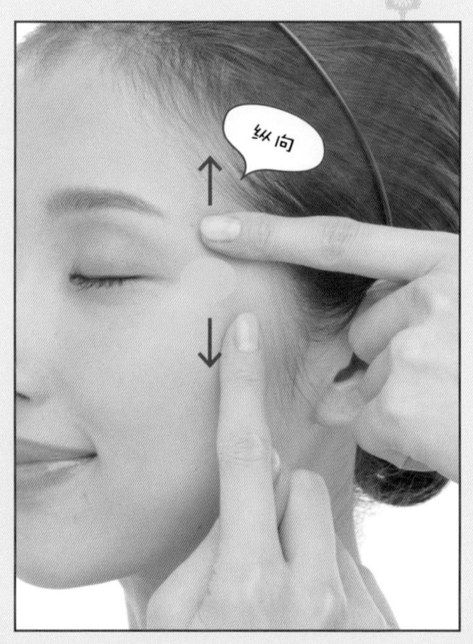

抚平眼尾

用双手的食指，纵向抚平眼尾。不需要用力过大，每次抚平3秒，持续进行5次。提拉和抚平的动作可两眼交替进行。

需要注意的是，如果朝着皱纹相同的方向去揉捏，会使皱纹加深。

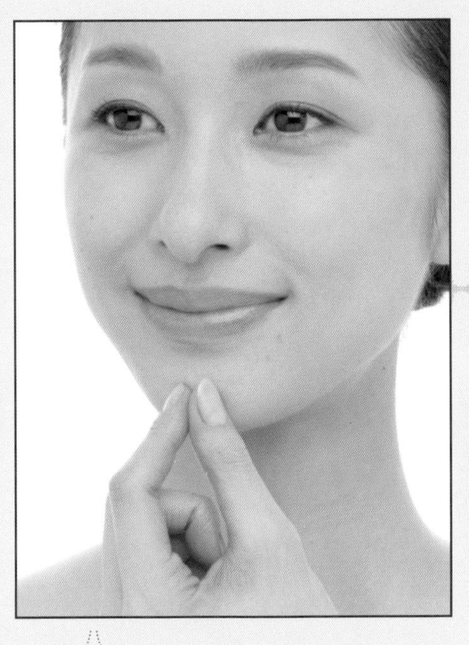

敏感部位

提拉敏感部位 镇静化

提拉敏感部位，如唇部、下巴、鼻子、额头等。即使这些地方有瘙痒、脸红、尚未发炎的粉刺等问题，只要保持双手的清洁，一样可以进行揉捏。

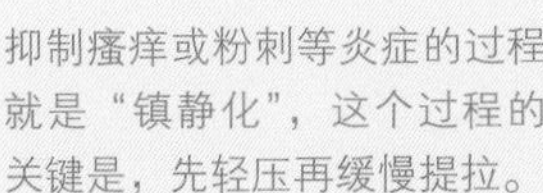

抑制瘙痒或粉刺等炎症的过程就是“镇静化”，这个过程的关键是，先轻压再缓慢提拉。

提拉敏感部位 活性化

提拉长有色斑、雀斑以及干燥问题的部位。针对不容易揉捏的部位，轻轻提拉即可。

色斑或干燥问题是由皮肤僵硬和紧绷所引起的。通过提拉使皮肤得到放松，促进皮肤“活性化”。做这些动作的关键是，节奏要快，动作要细致。

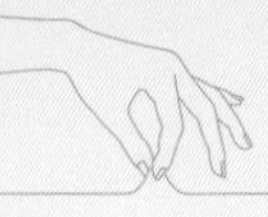

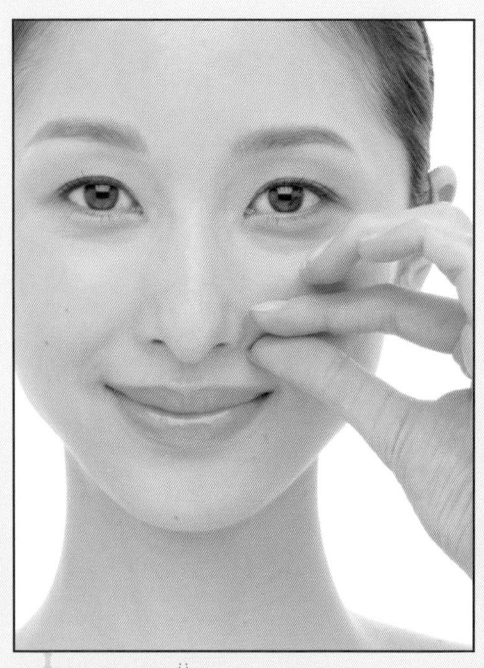

法令纹

提拉鼻翼

用大拇指和食指揉捏鼻翼，与法令纹垂直方向做提拉动作。

通过改善皱纹部位的血液循环，促使肌肤内的透明质酸等能够抚平皱纹的有效成分到达这些部位。

沿着法令纹至下巴做提拉动作

用大拇指和食指从鼻翼慢慢移至下巴，分 4 次提拉法令纹。另一侧也可同样进行。

抚平鼻翼

用双手的食指横向抚平鼻翼旁的法令纹。

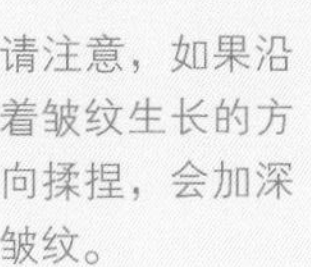
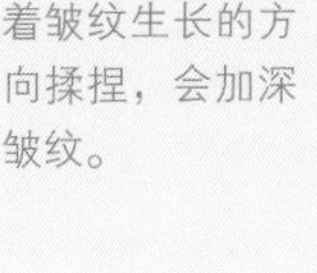

请注意，如果沿着皱纹生长的方向揉捏，会加深皱纹。

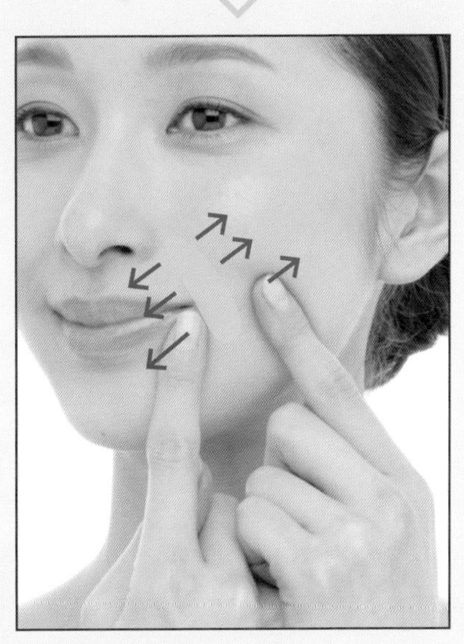

沿着法令纹至下巴做抚平动作

从鼻翼慢慢移至下巴部分，分4次横向抚平法令纹。另一侧也可同样进行。

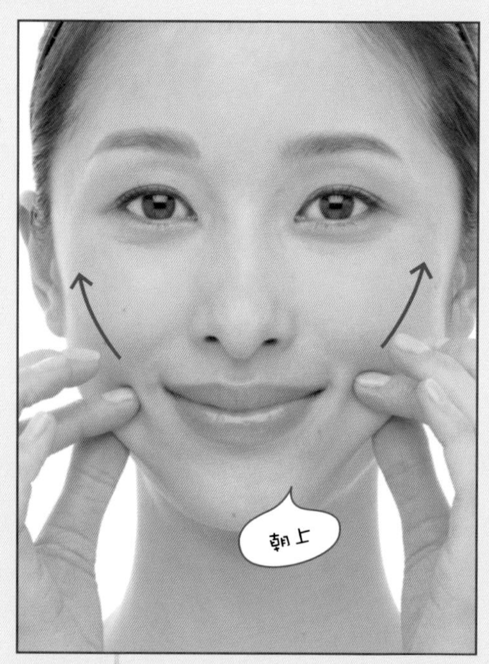

嘴角

捏住嘴角向上提

用双手的大拇指和食指大幅度捏住嘴角两边的皮肤并向上提拉。遵守“花2秒提起，再花2秒放下”的频率，动作要轻柔缓慢。

捏住脸颊向上提

沿着嘴角慢慢移动至脸颊，将这部分皮肤分3次用双手大幅度揉捏并向上提拉。

面部轮廓

提拉耳朵下方皮肤

用双手的大拇指和食指小幅度提拉耳朵下方稍稍靠后的皮肤。

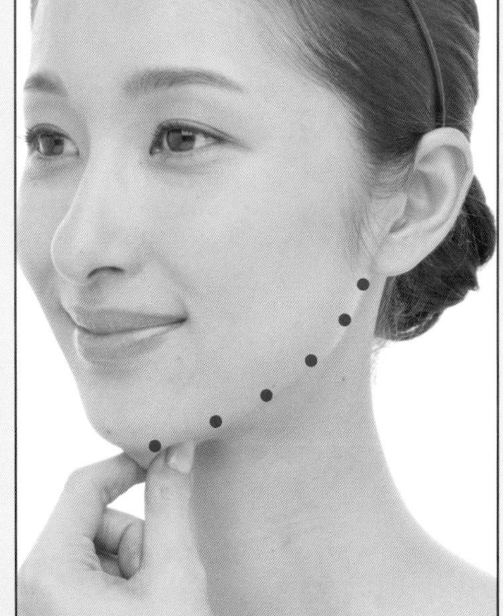

沿面部轮廓提拉

沿着面部轮廓线，由耳旁移动至下巴尖。用双手分6次做提拉动作。

这个动作的关键点是，沿着面部轮廓的骨架慢慢向下揉捏。提拉的方法是，跟轮廓线方向要垂直。

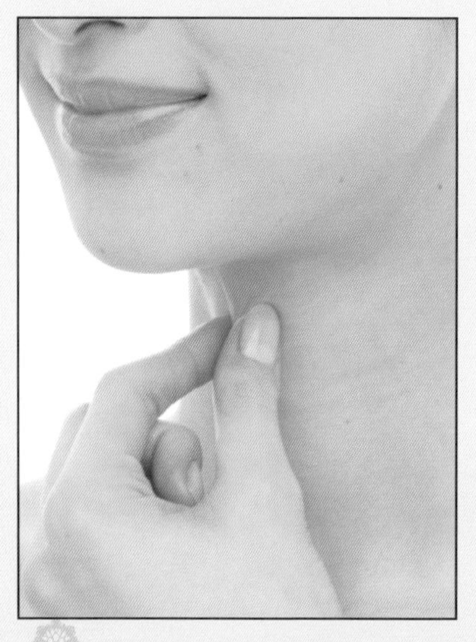

颈部（向下）

提拉颈部中央

面部轮廓按摩结束后，直接用单手大拇指和食指沿着颈部中央小幅度提拉。

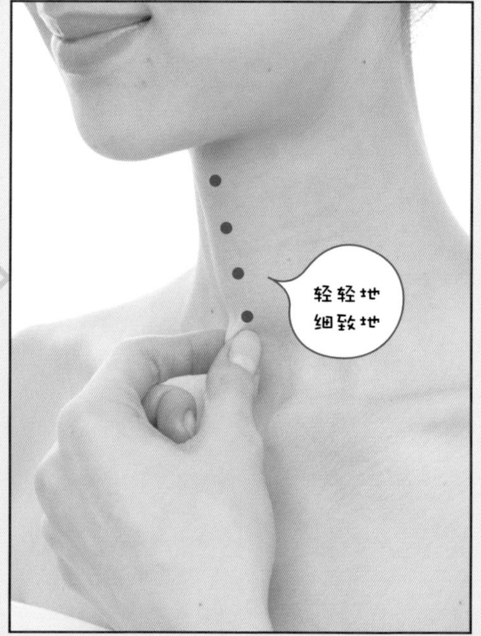

由上往下提拉

用一只手的大拇指和食指提拉颈部，该动作从颈部上方至下方分 4 次轻轻地细致地进行。

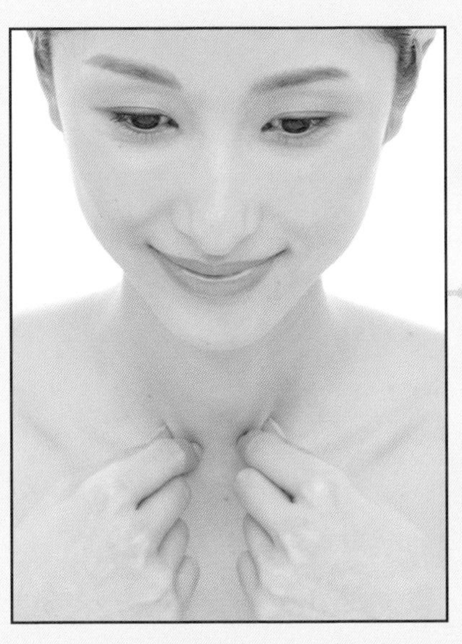

肩颈部

提拉锁骨上方

当动作进行到颈部下方之后，用双手的大拇指和食指轻轻提拉锁骨中间稍稍靠上部位。

沿锁骨方向做提拉动作

用双手的大拇指和食指分别放在锁骨上，沿锁骨中间至两端分4次提拉。

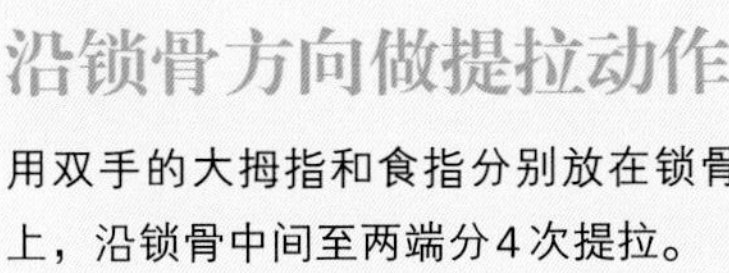

肩颈部连接处是淋巴最容易滞留的部位。如感觉到此处发硬，可重点做提拉动作。提拉锁骨下方的部位也是非常有效的。

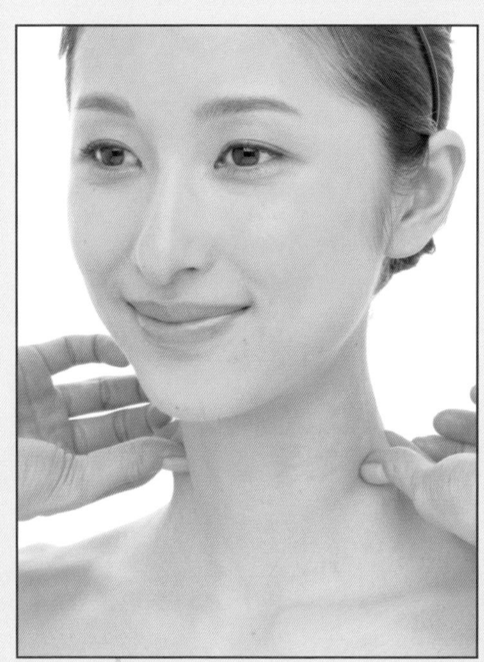

颈部（向上）

提拉颈部两侧

当动作进行到锁骨两端之后，直接用双手的大拇指和食指小幅度提拉颈部两侧。

往耳朵下方提拉

在颈部两侧用双手食指和拇指分 4 次提拉，往耳朵下方移动。

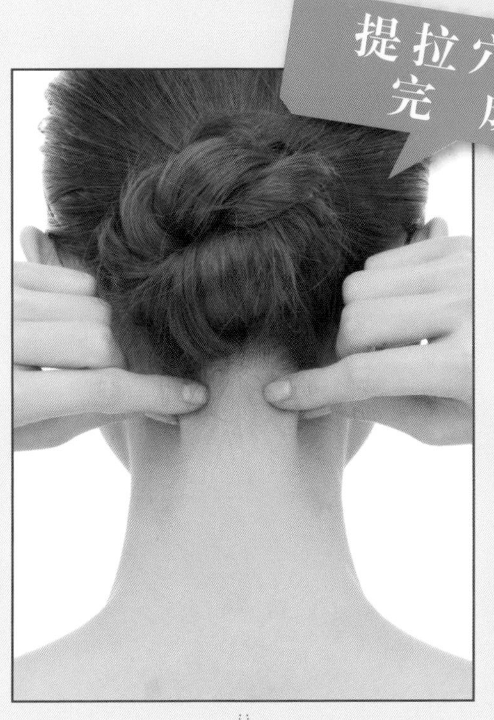

后颈部

提拉后颈部

最后，找到后颈部发际线的位置，用双手拇指和食指提拉稍微凹陷的地方。

这个穴位叫“风池穴”。头疼、视觉疲劳、注意力不集中的时候按压这个位置，会感觉神清气爽。

脸部慢慢有温热的感觉，就是效果显现的证明！在没有时间的情况下，在敏感部位集中提拉按摩一下吧。

泡澡时进行的

晚间5分钟美肌操

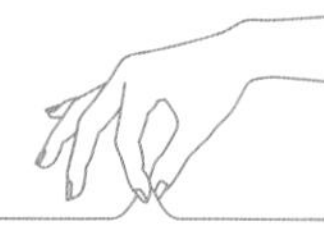

美肌操的步骤

臀部

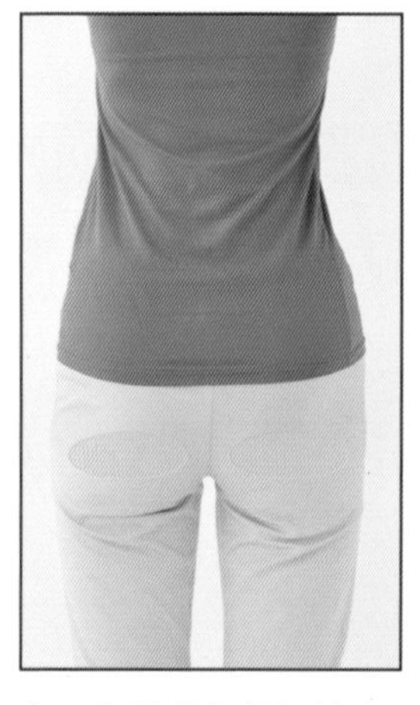

大面积地进行揉捏按摩，让平时一直处于压迫状态的肌肉舒缓后，全身会立即有紧实提升的感觉。

改善症状

提臀、改善腰痛

腿部

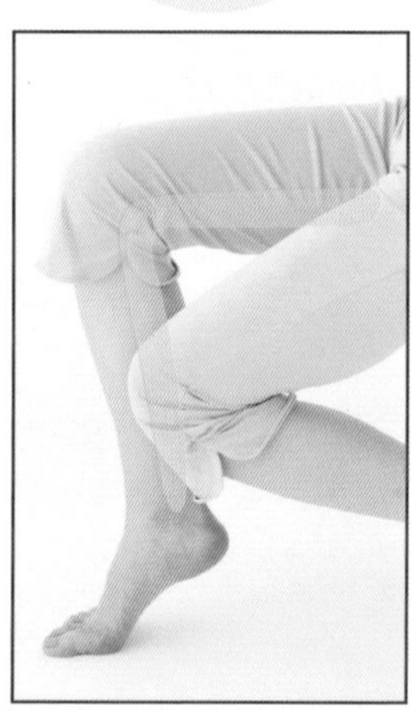

从大腿到小腿都需要保养护理。由于一直站立或者久坐，会让代谢物堆积在浮肿的腿部，好好改善一下吧。

改善症状

改善浮肿、瘦下半身

脚踝

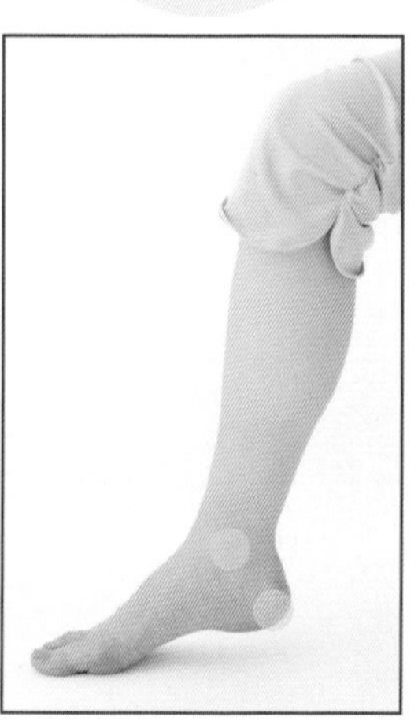

刺激脚踝的踝骨以及足跟的周围。除了能让脚踝看起来更纤瘦外，因为同属于女性生殖系统的反射区，会有改善生理不调的效果。

改善症状

促进淋巴循环、瘦脚踝、缓解生理疼痛

赶走一天的疲劳感，全身护理的美肌操。养成在泡澡放松的时候，同步做美肌操的习惯，会很容易坚持下去。让良好的睡眠质量，陪伴你养成健康的肌肤。

腋下

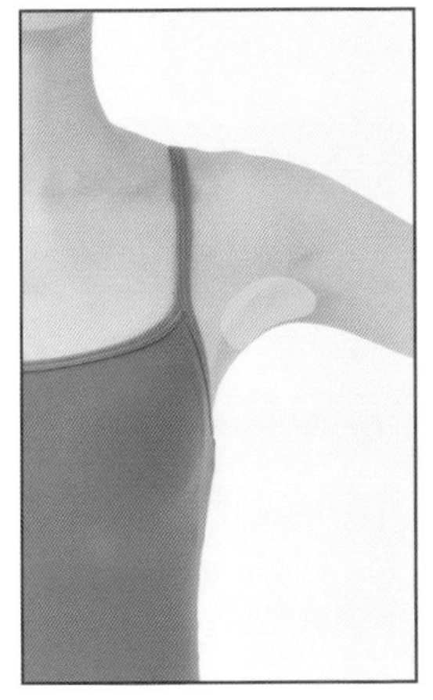

腋下前后部位，大面积进行揉捏按摩，因为容易积累代谢物或者疲劳物质，要针对此部位进行积极的疏通排毒。

改善症状

疏通淋巴排毒、改善肩颈疼痛

顶部头皮

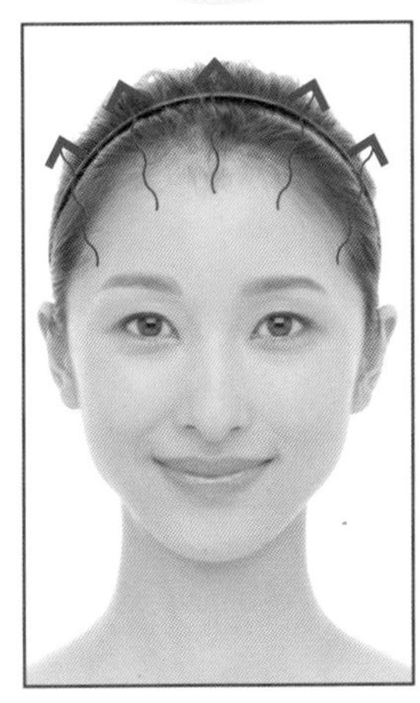

给予整个头部头皮刺激，经常用脑的人头皮会变硬。柔和的舒缓按摩，让头脑思维也变得清晰。

改善症状

改善头疼、掉发或白发问题，帮助恢复疲劳

两侧头皮

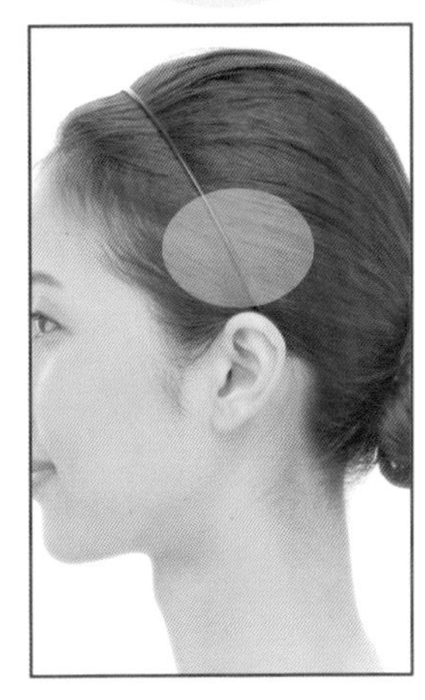

大面积按摩头皮。在洗发时，或者头疼和脑部充血需要应急处理时，也推荐此按摩手法。

改善症状

改善头疼、视觉疲劳

从下一页开始会有更详细的实践操作介绍

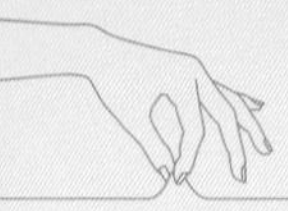

臀部

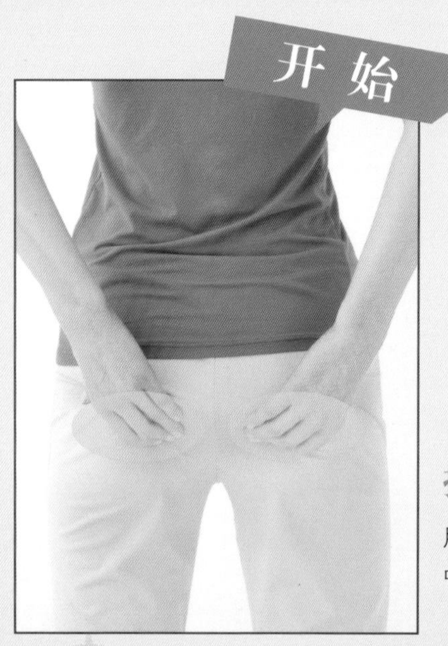

抓捏臀部

用双手大面积捏紧臀部中间部位。

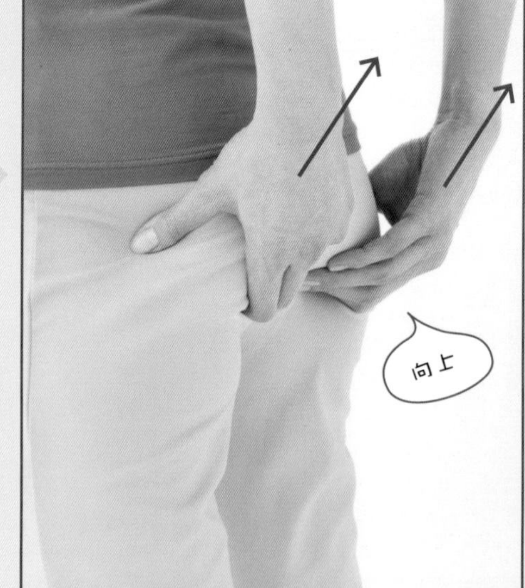

提拉臀部

捏住臀部的双手往上提拉，让臀部活动起来。

大腿

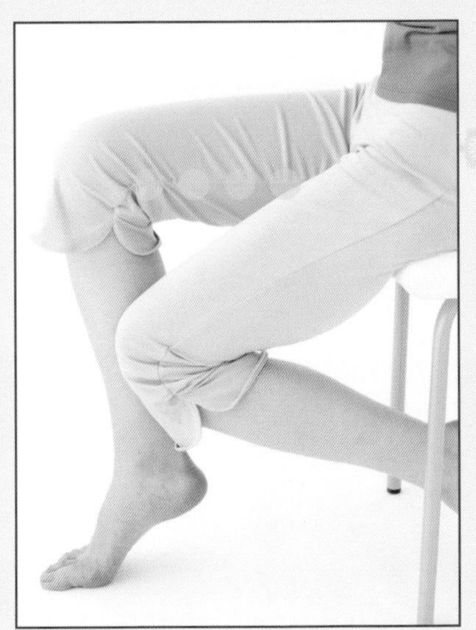

揉捏大腿

双手捏住大腿内侧柔软的部分。

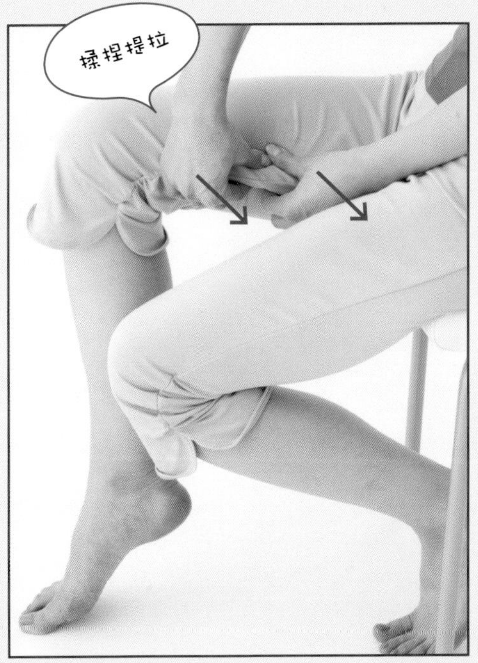

提拉大腿

捏住的部分往身体方向提拉。顺着腰部到膝盖方向，分 4 次提拉。另一侧也按相同方式进行。

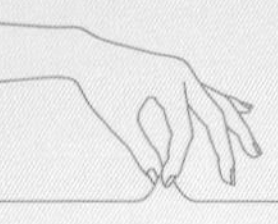

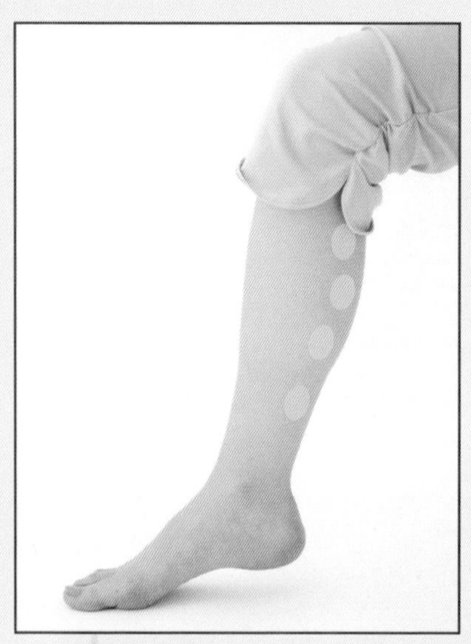

捏捏小腿肚

用单手拇指及食指捏住小腿肚的柔软部分。

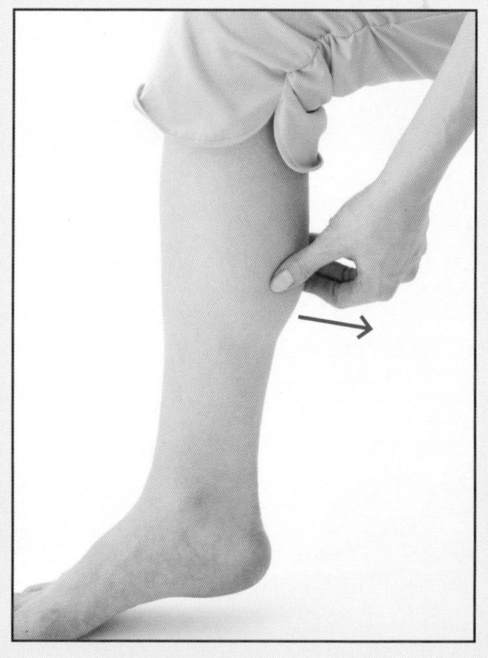

提拉小腿肚

捏住的部分往后方提拉。顺着膝盖至脚踝的方向，分 4 次提拉。另一侧也按相同方式进行。

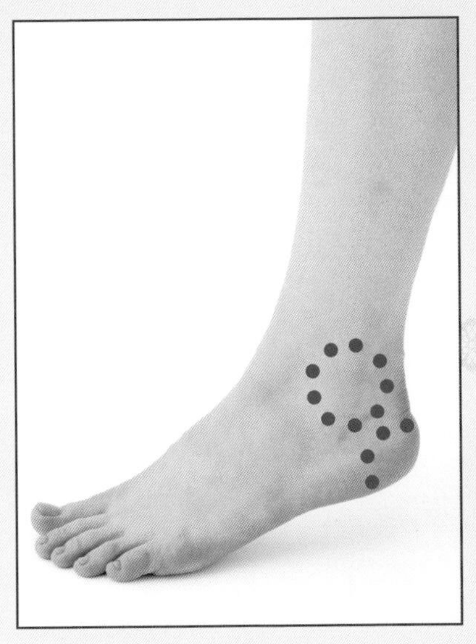

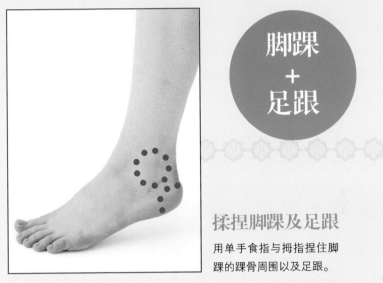

脚踝+足跟

揉捏脚踝及足跟

用单手食指与拇指捏住脚踝的踝骨周围以及足跟。

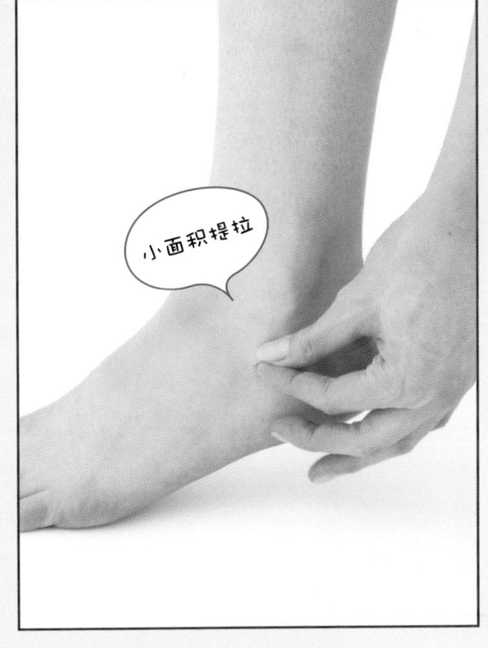

围绕踝骨一周进行提拉

小面积提拉，围绕踝骨，分7~8次进行移动。方向是脚踝外圈完成后，进行内圈按摩，最终到足跟。另一侧也按同样方式进行。

最初可能觉得难以捏起，但在持续的过程中肌肤会逐渐变得柔软，就容易提拉了。

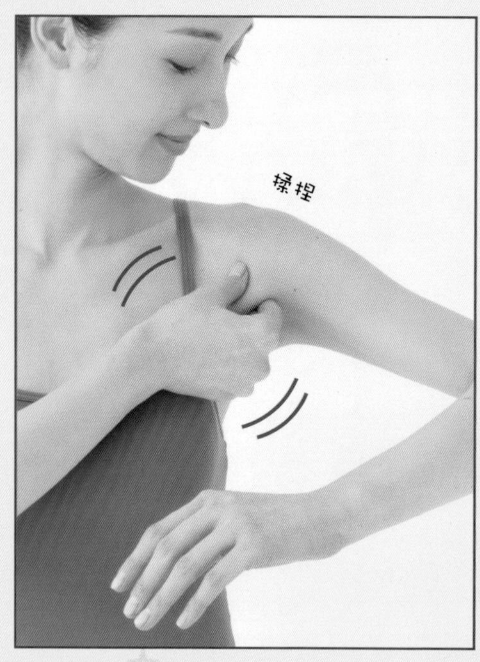

捏住腋下前方

单手用拇指置于腋下看得见的地方，揉捏住腋下轻缓地往下进行提拉。

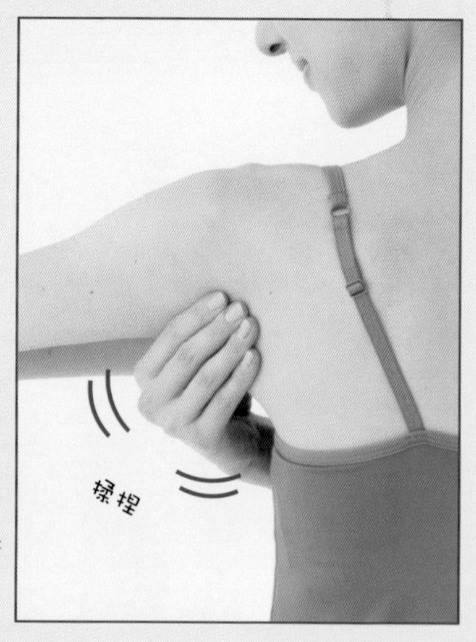

捏住腋下后方

把拇指置于腋下，其他手指置于后方，轻缓地往下进行提拉。另一侧也按同样方式进行。

腋下是淋巴排毒物质以及代谢物容易聚集的地方。如果摸上去感觉不平滑有疙疙瘩瘩的感觉，这就证明确实有代谢物聚集了。

轻捏发际线周围肌肤

用拇指与食指小面积轻捏发际线周围肌肤，一定不要大面积揉捏。

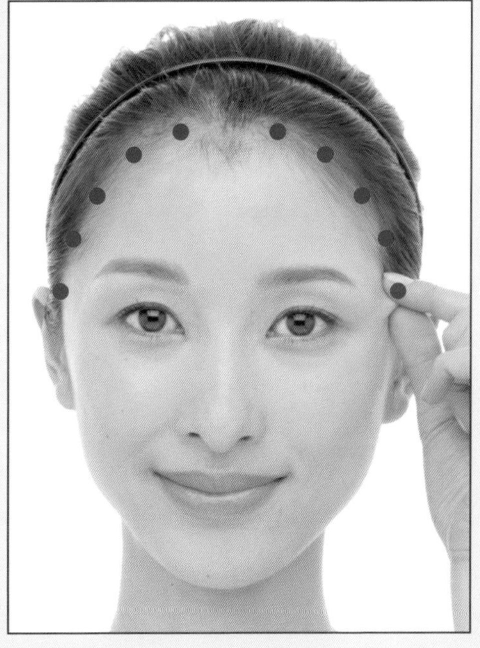

沿着发际线，提拉周围肌肤

轻轻提拉捏起肌肤，沿发际线一圈分7~8次移动。

双手置于耳朵上方

双手置于双侧耳朵的上方。

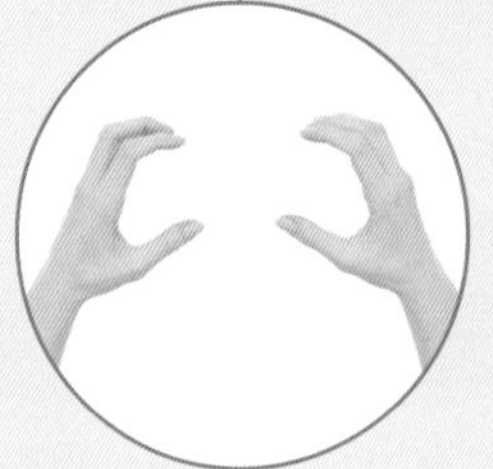

双手做梳理动作（像抓或者挠般把手指竖起）

让双手滑动

放置于耳朵上方的手，往后颈部单向滑动。如果指甲较短可以竖起手指，若指甲较长则可用指腹进行按摩。

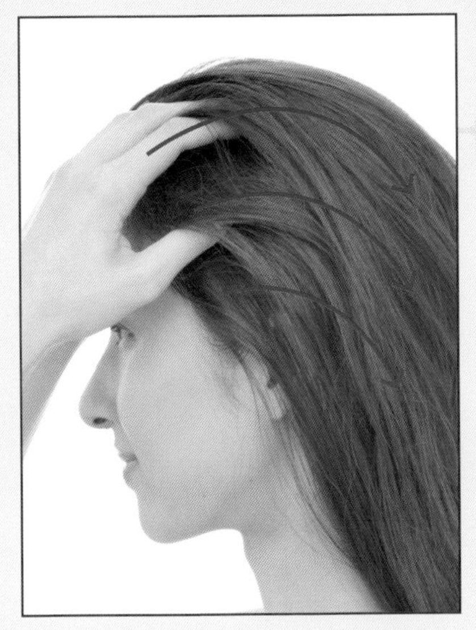

往头顶方向移动

用手从耳朵上方移到头顶，再用同样的手势往后颈部滑动。

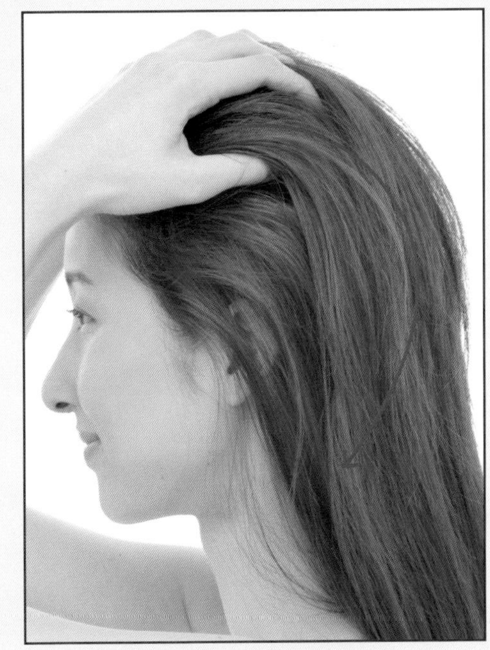

由头顶开始

最后，用手顺着头顶向颈部方向滑动。

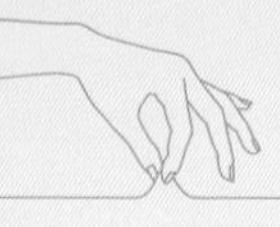

头皮

顺着耳朵下方往上方滑动

双手置于耳朵的下方位置，往头顶方向做梳理动作。

顺着颈部往头顶方向滑动

顺着颈部往头顶方向做梳理动作。

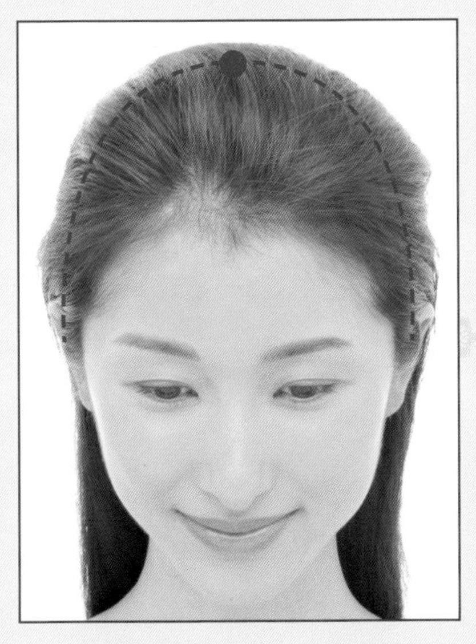

确认百会穴的位置

找到位于头顶正中线与两耳尖连线的交叉处的百会穴。

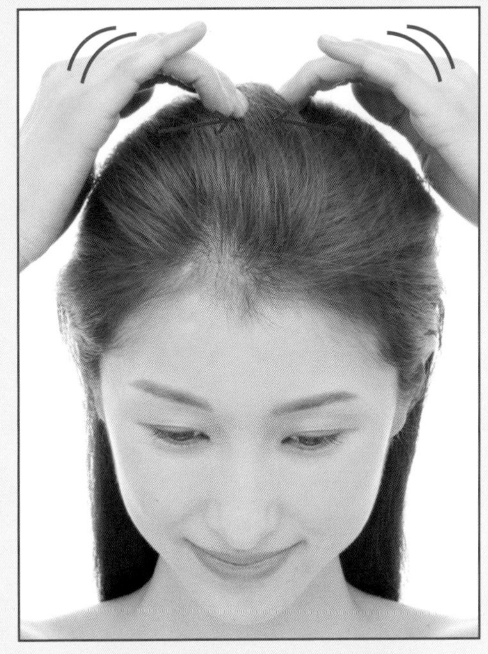

把百会穴四周的肌肤往穴位中心揉动

手指置于百会穴周围的位置，往中心方向揉动头皮。头皮比较柔软的人，用食指与拇指提拉即可。

两侧头皮

置于耳朵上方位置

按手指竖立于头皮的手势放置于双侧耳朵上方。

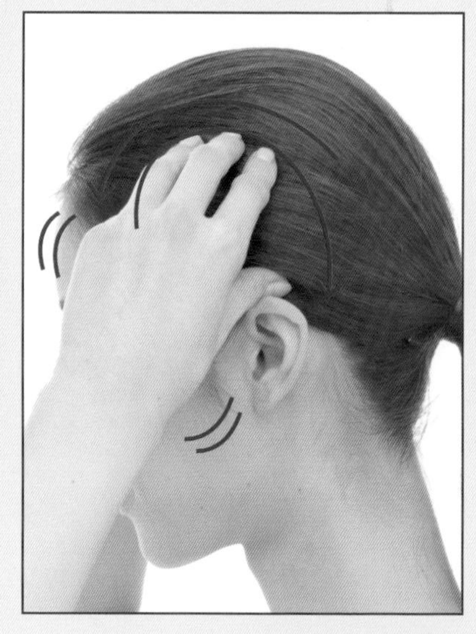

揉动头皮

按描画一个大圈的方式揉动头皮。往前转动5次，往后转动5次。

给予整个头部刺激完　成

整个头部

彻底按摩

最后，保持现有的手势随意地揉动头部，让头发大幅度地甩动。

赶走身体疲劳，保持良好的睡眠是自然美肌道路上的捷径。如果感觉用脑过度了，请务必尝试一下头部按摩，一定会让你感觉很舒服哦！

PuLLskin Body's推荐的香薰秘方

适于减压时使用的香薰

精油名	效　果	香味・特征
香柏	改善浮肿	树木的香味。有去除淤血、淤结的作用。
天竺葵	预防皱纹	玫瑰系的香味。有助于恢复肌肤的弹性，同样适用于调整精神状态的平衡。
葡萄柚	提神、净化空气	柑橘系的香味。可以有效去除压力、紧张感。
茶树	抗菌作用、驱虫	辛辣的香味有助提神，还适用于心情低落时。
杜松	净化作用、改善浮肿	树木的香味。

<注意点>请详细解读精油包装上的使用说明及注意事项后再使用。

适于按摩时使用的香薰

精油名	效果	香味・特征
肉桂	改善寒体症、抗菌作用	辛辣的香味。可以促进血液循环，温暖身体。不适合燃烧使用。
香柏	改善浮肿	树木的香味。有去除淤血以及淤结的作用。
薄荷	改善头疼、腰疼、喉咙疼等症状	薄荷的香味。有冷却、镇静、镇痛的效果。
茶树	抗菌、驱虫的作用	有提神作用的辛辣香味。情绪低落时也适用。

<注意点>用于按摩的精油，请务必选择可用于直接涂抹在肌肤上的精油。
偶尔也会发生肌肤不适应的情况。如有肌肤发生异常症状的情况时，请立即停止使用。
PuLLskin Body's沙龙在为顾客提供服务时，为了避免在提拉时，产生过于滑腻的感觉，使用的是本沙龙自主调制的精油。

分享来自沙龙体验者的喜悦声音

只要体验一次逆龄美肌术居然会有如此大不同

来到我的沙龙体验过逆龄美肌术的女性，带来了令人惊讶的体验报告！她们的烦恼是什么？身体发生了什么样的变化？

逆龄美肌术体验！

尚美

曾在杂志社任职，之后又到了电视制作公司工作。育儿任务也已完成，改行为插画家，开始创作自己感兴趣的漫画。

从肩膀到背部酸疼得厉害，像背着块岩石一样

从早到晚都坐在椅子上的工作

噢！又来了！

10吨

沉甸甸…

大家身体健康吗？尚美一点也不健康。

你好！我是尚美！

此时

针对疲劳的身体，提拉肌肤的逆龄美肌术很好噢！

友人

已经到我的极限了！

谁来救我！！

而且浮肿也很厉害，从早到晚都是鼓鼓的……
睡眠不足、运动不足，皮肤也变得粗糙不堪

皱纹、黑眼圈

松弛下垂

!?

鼓鼓的

请问是尚美小姐吗？

啊？

体验当天

太好了！预约到了！

这个逆龄美肌术的沙龙 PuLLskin Body's 的地址是不公开的，采用的是网上预约后邮件回复的方式

按压的话我明白，按压穴位啦什么的，但是提拉……逆龄美肌术？

老师身上散发出治愈系的气场
欢迎！
永井老师，好温柔啊！
说话方式也好柔和！
皮肤也好光滑哦♥
在外面特地等着我吗？这么冷的天气！！
因为地址是不公开的，可能会有点难找。
欢迎光临。我是PuLLskin Body's的负责人永井。感谢您在这么冷的天气还特意前来。
永井佳子老师（采访时处于妊娠期）
温暖舒适又干净的房间，空气中弥漫着香薰的香味，间接照明也感觉非常棒♥
来到了一间房间
为您准备好了更换的衣物，换装后请填写下体质诊断表。
好的
有点兴奋
"有烦躁不安吗？"是的，几乎每天。
提问约有20项
尚美小姐是典型的淤血型体质呢！
淤血型？
首先根据体质诊断表开始咨询诊疗。
属于气、血、水容易滞留的体质。简单来说，压力变大的话，会使血液变得黏稠，容易浮肿。符合您现在情况吗？
全都符合！

一般在开始诊疗之前，需要顾客选择香薰的味道。想要选哪一个呢？
有10余种
都是手工调制的香薰精油。
让僵硬的肌肉变得更柔软，通过提拉会让血液和水的循环变得顺畅。提拉的力量虽然很小，但是可以作用到肌肤深层，且没有任何负担。
但是，为什么是提拉呢？
淤血型体质的女性，血液循环都不好，容易受寒，因此在体内有淤积的地方容易显现出身体不适及不调。
很多女性都是这种体质
迅速融入到体内的香薰据说是最适合当天自身身体状态的。
味道好好闻，就这个！
推荐对有肌肤问题很有帮助的玫瑰系哦！
身体不调的地方一般就是代谢物累积之处，用很少的力气提拉也会有疼痛感。
需要加强提拉，让肌肉得到充分放松。
原来如此
这是位于头顶的百会穴。
好疼！那里好疼!!
如果这里感觉到疼痛的话……
意味着积累了很多压力。
还真的是这样……
接下来，从脸部开始吧——不疼吧？
很温和的刺激，感觉很舒服。这只是提拉对吧？
捏捏
捏捏

血液开始顺畅流动了。肤质好的话加上好好呵护会让肌肤变美哦！
总觉得脸上有点微微发热的感觉！！
真的吗？
像这样捏住轻轻提拉。
上下摇摆抖动会让血液循环顺畅。
是的，因为脸部的皮肤很薄，这样的力道也足够。
有种不可思议的感觉——感觉自己的身体好柔软，像年糕一样……真的只是提拉而已嘛？
好舒服～
啊！真的只是提拉！
接着从身体开始
尚美小姐患有哮喘，因此尽量不要让手臂和肩膀受寒哦！因为手臂和肩膀是与肺部息息相关的。
老师，这对哮喘也有益处吗？
血液循环顺畅的话会养成不易生病的体质哦。
到目前为止也没有感觉非常疼痛的地方，很顺利……
胃部很硬呢，不疼吗？
好疼！
受寒情况好严重，血液循环不太顺畅，可能血液的状态已经变得非常黏稠了。
胃部的血液是黏稠状的吗？
老师好疼啊！！
我已经很温和很轻柔地在提拉了！

肝脏也很硬嘛！一般饮酒的频率是怎么样的？
大概周一、二是肝脏休息日，其他5天都在喝！
尚美小姐的左侧腰疼，应该也是由胃部受寒引起的。
肾脏功能降低会加重身体浮肿。
最好再减少一些量比较好。
一般都喝什么酒？
喝完啤酒接着喝冰威士忌苏打。
冰威士忌苏打的一次饮用量分2次喝比较好哦~请在里面加一些新鲜葡萄柚汁后再饮用。
只要减少饮酒量就可以了吧！
喝酒同时摄取酵素♥
这样的话好像可以……
搭配酒的小菜选择新鲜的食材！！总之选带有酵素的就好！
沙拉
蔬菜棒
水果
刺身
生牛肉片
避免身体受寒，建议再加一份热汤或者味噌汤。
老师，无法戒酒，但是改善饮用方法和量也是可行的！！
我的血液里可都是啤酒哦！
最后的汤当然要选蚬贝汤！

体验后，喝了老师自制的美味果汁
选哪个好呢？无花果也不错，番薯也好美味的样子！
推荐使用时令的油麦菜、猕猴桃调制而成，可以促进血液循环顺畅的果汁。
那好吧，就要那个……
油麦菜和猕猴桃果汁
哇～老师这个超级美味♥这个对肝脏也很有效，真的是太棒了！
早晨是排毒的最佳时间，喝一杯营养满分的果汁足够了。非常适合胃部虚弱的尚美。
这就买搅拌机回去。
那是当然的，逆龄美肌术感觉如何呀？脸色好了很多呢！
啊，真的呢！而且眼睛也变得炯炯有神了！！
身体变轻盈了呢！！来之前还疑惑："不过是提拉一下肌肤，能有那么好的效果吗？"结果还真的有那么好的效果呢！！
那真是太好了。
这个逆龄美肌术，随时随地都可以保养肌肤，在家里也请好好做哦！
按摩手臂，可以治疗肩颈酸痛，按摩侧腰腹部，可以预防腰痛，按摩小腹，可以提高内脏功能，请每天用提拉手法好好揉捏。
好的。没想到自己的胃、肾、肝这内脏三兄弟这么虚弱，也真是好受打击……
从今天开始注意饮食生活，用逆龄美肌术，以创造由内而外自然散发美的美女为目标而努力！
加油努力吧！

体验者 1

不花时间和金钱，就能有这样绝佳效果的美容手法！在每天泡澡的时候实践。

[日]前田晴香小姐　30岁　原就职于美容皮肤科

以前曾在美容皮肤科工作过。那时，对于使用激光仪器让肌肤变美的方法，始终让我心存疑虑。因为，激光是针对问题肌肤，通过“破坏”再让肌肤新生的方法。实际结果确实是变得美丽了，但是为了迅速修复损坏的肌肤，是不是用未成熟的细胞塑造了新的肌肤呢？我常常会因此感到疑惑。由未成熟的细胞塑造的肌肤，容易干燥和粗糙。因此，对于激光治疗美容的方法，如果不放弃对美的追求，需要有一直花钱如流水的觉悟。虽然我自身也没有去体验过，也不想去尝试……

这个时候，我遇见了永井老师的逆龄美肌术，居然有这么好的方法！让我不敢相信自己的眼睛，可以自我保养，不必花钱，也不费功夫，只要双手有空，马上就能做到。

当然，对它的效果也是非常满意的。体验之后，居然感觉到肤色变白了，变得更紧致了。我属于肌肤一感到干燥的话，小细纹就会跑出来的类型。现在这种情况也没有了，让我非常高兴。就像去美容院刚做完脸一样，有很舒适的滋润感，让我非常惊讶！

另外，在沙龙，最初会有细心周到的问诊，会听取你的烦恼，店内营造了让人什么都可以放心倾诉的氛围，对自己的身体可以毫无保留的倾诉烦恼，对这一点的用心很是感动。想要身心都得到治愈的人们，一定要去体验一下永井老师的温暖诊疗法哦。

体验者2

能遇到逆龄美肌术真好！不是按压，而是揉捏，对他人对自己都可以轻松完成，肌肤变得更加柔美。

[日]小泽美和小姐　36岁　造型艺术家

与永井小姐相遇的契机，来自于某合作企划的研讨会。研讨会结束后，和周围的人们开始兴致高昂的交谈时，注意到有位给人感觉特别温柔的女性，那就是永井小姐。那时，因为当时已经饮酒了，没能马上去体验逆龄美肌术。第二天，总觉得很在意，于是查了下网址，下定决心发了预约邮件给沙龙，然后便开启了我的美肌之旅。

我对欣赏的女性，感觉是非常灵敏的！对此绝对有自信！还好当时联络了永井小姐。

永井小姐亲自来接待，紧张感立即被她温柔的语调化解了。只是简单的肢体接触，就能知道身体哪个部位不适，可以不用多言就把自己全身心放松地交给她。

不用按压肌肤，揉捏就可以了。仅仅是这样，内心对永井小姐充满了信任感与安心感，在这种舒适感觉的包围下，自然而然地把平日里遇到的种种烦恼，痛痛快快地倾诉出来。

这也是永井小姐的魅力所在。正因为不用去忍受疼痛，可以在全身心放松的情况下去感受，体验过后，感觉平日里的法令纹都减退了。全身的肌肤变得滋润而柔软，身体也变得暖暖的。

最初是定期去沙龙美容的，身体开始进入调理过程后，“接下来，每次去的时间就算间隔久一点也没有关系哦”。这样真的可以吗？听到这样的建议，内心有些开心，也有些寂寞，老师还告诉我如何在家里做自我保养，根据我自身身体的弱点，教授我如何调制 DIY 新鲜果汁的秘制配方。

正因为工作生活非常繁忙，才需要身体保持健康。因此，作为造型师的我也憧憬能像永井小姐那般，成为能治愈别人的女性。

体验者 3

身体不适、肌肤松弛，看得见的改善！同样作为美容业界的一员，也为这样的效果所震惊！

[日]前野节子　58岁　美容公司职员、美容师

可能是从事美容相关工作的关系，有去过不计其数的沙龙，体验过淋巴按摩和各种美容疗程。有人推荐说还不错的地方，结果去了之后反而加重了我的疼痛。一直都没有遇到理想中的美容诊疗体验。

但是，永井老师的逆龄美肌术让我感觉很舒服。与之前体验过的沙龙完全不同。并且，按一周去 1 次的频率，坚持 2 个月后，就会感觉到身体的紧实感！周围的人都说我“变瘦了”。而且，我原先一直为更年期带来的脸色潮红、潮热所困扰。这个症状也逐渐减少了。原本容易疲倦、失眠的问题也得到了改善。

我平时会在百货公司的化妆品专柜做销售，并且以美容师的身份为顾客服务。因此，自己的脸也就是商业道具。如果肌肤变得粗糙不堪，即使为别人提供建议，也毫无说服力。肌肤时常能保持良好的状态，逆龄美肌术给了我很大的帮助。

我的这份工作已持续近 30 年之久。看到过形形色色女性的脸，我深切感受到，自己懂得注意保养的女性与完全不做任何保养的女性，真的有天壤之别。一直去美容院，对自身肌肤呵护有加的顾客，不管到了几岁，肌肤的紧致度始终保持得很好，看上去皱纹也很少。

用逆龄美肌术为自己做肌肤保养是非常重要的。想必 10 年后、20 年后的差异就会很大了。

体验者 4

收紧脸部轮廓，眼睛也变得炯炯有神，结婚前去体验是最正确的选择。

[日]林典子小姐　36岁　公司职员

知道 PuLLskin Body's 沙龙，最初是因为一档电视节目。看到永井老师现场为体验者演示并进行诊疗，被体验者描述的良好感受所吸引，于是在网上查找了一下沙龙的相关信息，就火速去体验了。

实际体验过诊疗后，比预想中还要舒畅。老师的手法和某些猛推乱按的指压按摩不一样，整个体验过程中，觉得身体非常轻松舒适。经过反复提拉揉捏后，也没有任何不适的体感。

最初，只是为了改善肩颈僵硬以及生理痛而去的。后来开始慢慢注意到其他喜人的效果随之而来。大约去了 1 个月左右，脸部的色斑渐渐变淡了！由于脸部轮廓线条收紧的关系，感觉脸都小了一圈。另外，眼睛也变得炯炯有神了。

不仅如此，全身都有紧致的感觉，似乎腰也变细了。两臂、背部，都明显感觉到比以前紧实很多。周围人都说我“变瘦了”。这让我感到非常开心。

我总是无法做到持之以恒，而这次我已经坚持了有半年之久了。最近这段时间，“准新娘美容”变成了我去沙龙的主要目的。老师的手法能够让我的脸庞发生那么大的变化，恰好达到了我想要的效果。能够以最佳的状态去迎接我的结婚典礼，这让我非常开心。

在那之后，深深地被逆龄美肌术所俘虏，还会时常去参加自我保养的美容讲座。平时在电车里、公司里、打电话的时候，都会时不时地用逆龄美肌术的手法去提拉脸部的肌肤。特别是针对下颚的轮廓、颈部、法令纹，会下意识地做提拉按摩。提拉这个动作难度不高，并不需要任何道具或场所，任何时候任何地点都能轻松实现，真的非常推荐。

美女养成，不可或缺的营养素“酵素”和“乳酸菌”

肠道是直接影响我们肌肤状态、身体及生理平衡的要素。调整肠道内的环境，与保持健康美丽的肌肤有着千丝万缕的关系。肠胃内视镜先驱——医学博士新谷弘实老师曾说过“肠道内部的状态，是我们摄取食物环境的缩影”，这对现代人的饮食习惯敲起了警钟，也传达了传统饮食对人们的重要性。

我们吃下去的食物，在体内会通过胃传送到肠道，然后被身体所吸收，进而转变成血液，为全身的细胞提供养分。由此循环往复，不断产生新生的细胞，不断更替我们的肌肤。

肠道会消化、吸收我们所摄取的食物，而能把养分输送到体内各个器官的重要媒介是酵素。若没有酵素，营养物质就不会被吸收，而是被原封不动地排出，或者在体内积压。

如果我们特意吃了那么多营养丰富的食物，却因为缺少酵素而无法被吸收，真的是得不偿失。

另外，为了保证肠道能够充分吸收营养，肠道菌的均衡是非常重要的。健康的肠道往往会有较多的益生菌来保持肠道内的平衡。如果大肠杆菌过多，会使肠道内腐坏，进而使皮肤粗糙，加剧老化现象。因此大家应该有意识地去摄入乳酸菌，让益生菌始终在体内处于优势地位，而且植物性的益生菌是很适合东方人的肠道环境的。

酵素一般超过 47℃以上就会自然死亡，因此尽量避免去食用加热处理过的或是制成药丸类的酵素食品，而是直接从新鲜的果蔬或发酵食品中摄入更佳。本书中，为您准备了可以有效摄入酵素、乳酸菌的 DIY 新鲜果汁的秘制配方，第 84 页开始有详细介绍。

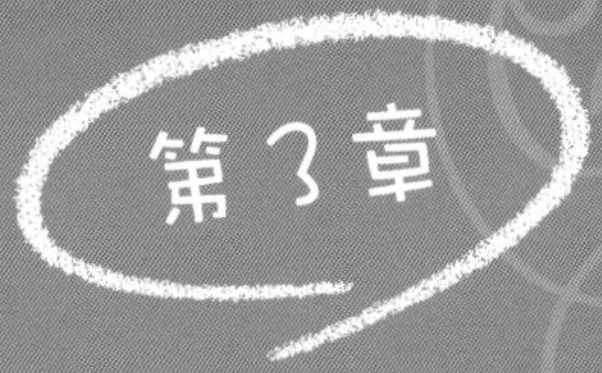

健康身体焕发健康之美

用心倾听身体的声音!

充分了解自身的体质，找寻最适合自己的美肌生活!

改变亚健康状态一起成为“健康美人”

倾听身体的声音，拥有最棒的自己。

你有选择每天兼顾美与健康两者的美肌生活方式吗？

如果身体不够健康，当然无法拥有真正的自然美。美肌生活换言之，就是养护身体的原动力并让它充分发挥作用的生活方式。提高身体内部的自愈能力，并且融合外部保养的逆龄美肌术，就可以让你拥有最棒最美的自己。

为此，我们应该马上停止那些让身体感到疼痛的生活习惯。那些让你感到心情不悦、压抑和伤心的事情都会对身体造成负担。这时候千万不要一味隐忍，时时注意用心倾听身体的声音。

请务必完成以下“自我体质诊断”的项目，充分把握自己身体的状态。

关键词，健康身体焕发健康之美。
身体本身会区分什么才是需要的，健康的身体会自动提醒你摄取健康物质。
让我们习惯倾听身体的述说，让“是否能让身心愉悦？”“这是身体需要的吗？”成为我们平日饮食选择的前提。

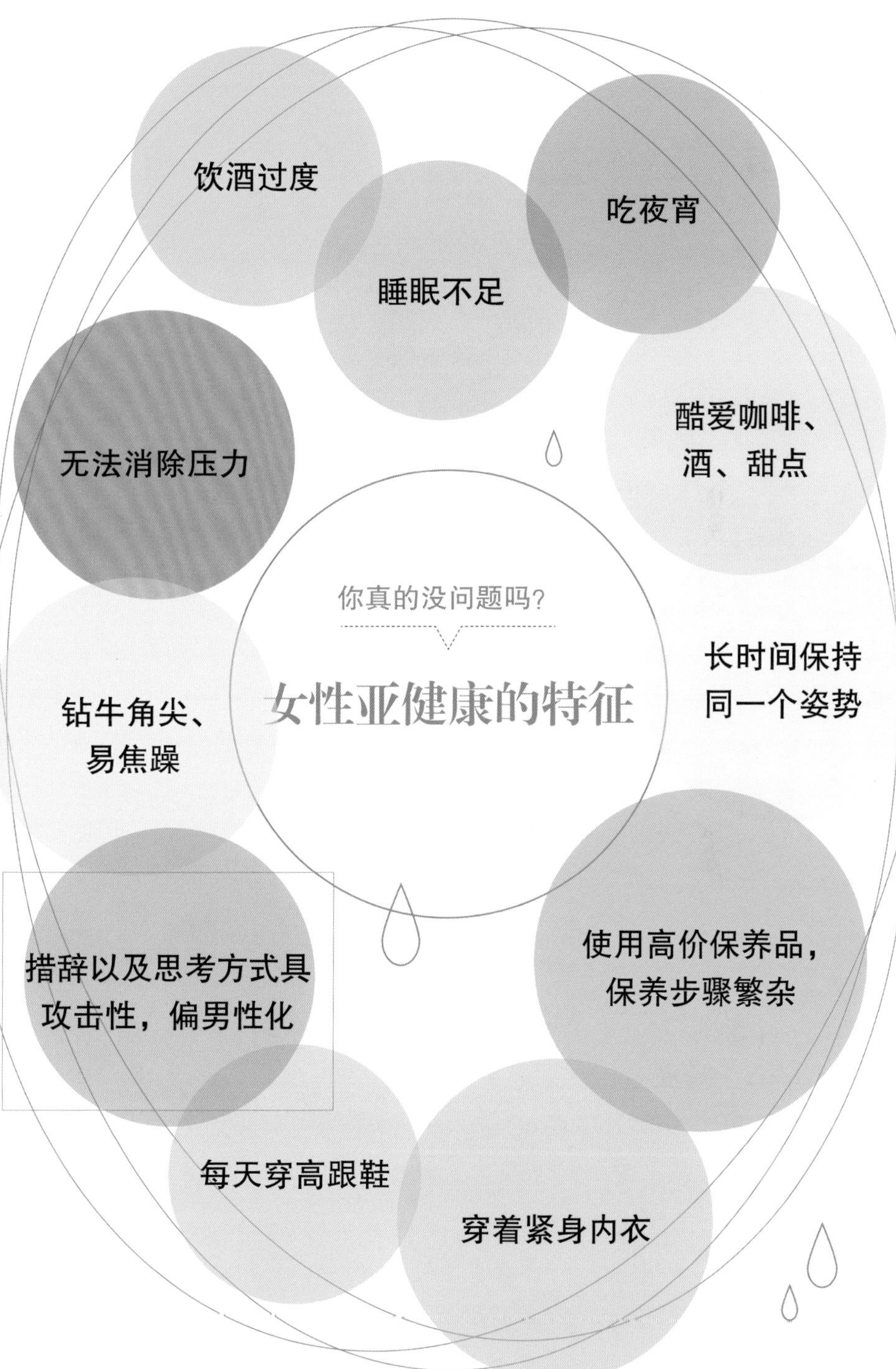
饮酒过度
吃夜宵
睡眠不足
酷爱咖啡、
酒、甜点
无法消除压力
你真的没问题吗?
女性亚健康的特征
长时间保持
同一个姿势
钻牛角尖、
易焦躁
使用高价保养品，
保养步骤繁杂
措辞以及思考方式具
攻击性，偏男性化
每天穿高跟鞋
穿着紧身内衣

通过体质诊断找到适合自己的美容方法

先从了解自己开始!

最适合的美容方法也好,生活方式也好,每个人都不尽相同。 如果自己不了解自己,自然是无法对症下药的。

接下来让我们介绍一下在沙龙 PuLLskin Body's 所使用的体质诊断方法。主要是观察"气、血、水"的均衡,充分了解自身的体质,找寻最适合自己的美容方法吧!

体质诊断表

对符合以下提问的内容，请打勾。
打勾项目最多的一组，就表明你是属于那一类体质。

A

- □肠胃不好
- □声音细弱
- □呼吸急促，易气急气喘
- □喜欢赖床，不吃早餐
- □经常熬夜、晚睡
- □个性规规矩矩，实在

B

- □肌肤易干燥，没有光泽
- □头发无光泽，毛糙
- □气色不佳
- □睡眠很浅，易惊醒
- □经常生理周期间隔过长，甚至无月经
- □食量偏小，总觉得吃不下

C

- ☐ 经常口干
- ☐ 皮肤容易干燥，发痒
- ☐ 手足容易燥热
- ☐ 季节变化时容易生病
- ☐ 容易便秘，大便干硬
- ☐ 尿频，尿量偏少

D

- ☐ 容易心神不安
- ☐ 时而食欲过剩，时而全无食欲
- ☐ 情绪起伏不定
- ☐ 生理周期不稳定
- ☐ 不易入睡
- ☐ 不善于排解压力

E

- ☐ 肩颈酸痛
- ☐ 容易有黑眼圈
- ☐ 经常满脸倦容
- ☐ 生理痛较为严重，经期会有血块排出
- ☐ 皮肤粗糙
- ☐ 伤口不易愈合

F

- ☐ 脸部，手足容易浮肿
- ☐ 有花粉症、鼻炎等过敏症状
- ☐ 身体疲倦有沉重感
- ☐ 胃胀不消化，伴随恶心、反胃的症状
- ☐ 梅雨季节时，容易身体不适
- ☐ 有时会有耳鸣的现象

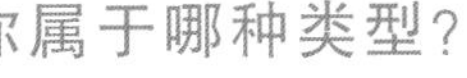

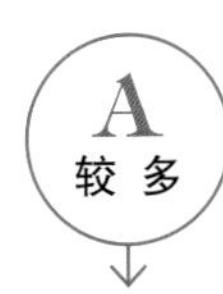

你属于哪种类型？

A 较多	B 较多	C 较多	D 较多	E 较多	F 较多
气虚型	血虚型	水虚型	气滞型	淤血型	水肿型
见第72页	见第73页	见第74页	见第75页	见第76页	见第77页

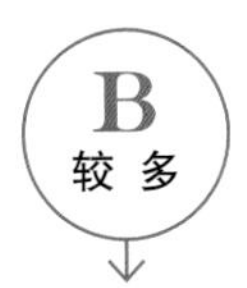

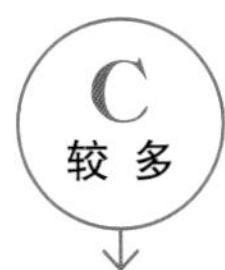

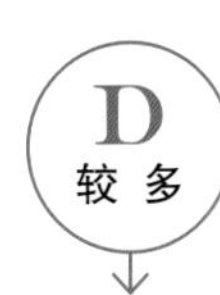

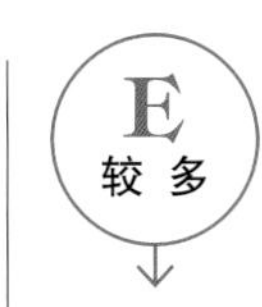

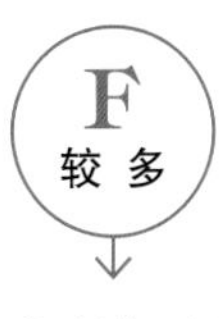

选A较多的女性

气虚型

气不足，容易疲惫的状态

气不足的状态。气是指元气、精气、干劲的气，精神方面的能量。气虚型是指没有精、气、神，到了周末也是无精打采的状态。通常是因为过度劳累或睡眠不足而引起的。免疫力低下的话，一旦生病就容易拖很久才好。

生活方式

一直是无精打采的样子，很少展现笑容，不使用表情肌会让肌肤松弛下来。多做些让自己愉悦的事情，来收获更多笑容吧。

＊＊＊＊＊＊＊＊＊＊＊＊＊＊＊＊＊＊＊＊＊＊＊＊＊＊

睡眠不足容易引发过敏性皮炎、湿疹、特异性皮炎症等疾病。通过均衡膳食来增强免疫力吧！

运动

推荐快走等轻量级的运动，还有瑜伽、气功等都不错。建议多做一些增加肌肉力量的运动，但是注意不要过量。

应积极摄取的食物

作为能够提高肠胃机能的膳食，如贝谷类、薯类、豆类等食物，需要细嚼慢咽。另外，建议多食用粥和汤。

＊＊＊＊＊＊＊＊＊＊＊＊＊＊＊＊＊＊＊＊＊

提高基础代谢能力，有意识地多摄取能有暖身效果的食物。

＊＊＊＊＊＊＊＊＊＊＊＊＊＊＊＊＊＊＊＊＊

推荐食材

糙米、大豆、大豆制品、蜂蜜、胡萝卜、山药、番薯、南瓜、卷心菜、苹果、葡萄、草莓、无花果等。

选B较多的女性

血虚型

供血不足，营养不良的状态

供血不足就是这个类型的主要症状。供血不足会导致体内养分供应无法及时送达身体各处，老化代谢物无法及时排出。减肥或熬夜过度，是导致血虚的主因，同时还伴随气虚的人也不在少数。

生活方式

疲劳、压力、寒体症等原因会导致新陈代谢能力降低，身体能量不足。一定要避免熬夜，保证充分的睡眠时间，尤其在保暖上多下工夫吧。

****

经常感觉肌肤干燥、敏感、细纹、粗糙、瘙痒等常见问题，并且伴有发梢分叉、脱发。你需要注重调整自己的日常饮食了。

运动

加强下半身运动可以有效改善骨盆周围的血液循环，那么让我们从坐着就能完成的简单健身操、快走等轻量级运动开始吧！

应积极摄取的食物

积极摄取能使身体暖和起来的“黑色、红色食物”吧！另外，同带有滋润身体效果的“自然甘甜”“酸味”食材一同食用效果更佳哦。

****

干果、坚果类食物，种子和果实请积极摄入吧。

****

推荐食材

黑豆、黑米、羊栖菜、菠菜、萝卜、黑木耳、葡萄干、黑胡椒、红糖、枸杞、黑芝麻、红肉类的鱼。

选C较多的女性

水虚型

水分不足，全身干燥的状态

体内所含血液以外的水分(汗液、尿液、淋巴液等)不足，全身的水分不够的状态。这种类型有手足燥热，容易上火，肌肤干燥、暗沉等特征，伴有便秘以及情绪不稳的状态出现。

生活方式

体虚、免疫力低下的时候容易发生此类症状，过度的压力导致精神性疲劳也是原因之一。建议积极排解压力，开始有规律的生活吧！

****

水分摄入较少，即使摄入后仍因体内循环不佳，直接变成尿液排出体外。建议尽可能多喝温热的水来补充水分。

运动

体力不足，无力做剧烈运动。建议通过快走、瑜伽等能让自己微微出汗的运动。

应积极摄取的食物

多吃水分多的蔬菜与水果吧！

****

由于压力过度而精神匮乏，体温容易下降，此时建议多喝热汤、热粥来补充水分。

****

推荐食材

黑豆、西瓜、萝卜、冬瓜、生梨、茄子、黄瓜、豆芽菜、生姜等。

气滞型

气滞，心神不安

气在体内没有得到良好的循环，滞留在某处的状态，气一般容易滞留在上半身。持续不规律的饮食生活，处处压抑谨慎处世，固执，导致压力过度是主要原因。

生活方式

自律神经紊乱、易怒、负能量、失眠、抑郁症等都会引起气滞，建议把注意力转移到自己喜欢的事情上来。

****

容易长脓疱、斑疹、荨麻疹，肤质会变得时而干燥，时而油脂过多的不稳定状态。建议用柑橘系的香薰，让身体充分放松，恢复元气吧！

运动

运用最直接的方式来释放自己的压力吧！推荐进行慢跑、有氧运动等，运动后，会让你瞬间浑身舒畅。

应积极摄取的食物

多摄取富含钙质和矿物类物质的食物，能舒缓紧张情绪。

****

在享受香味果蔬(如紫苏、生姜、茖头、茉莉花等西洋香草类)带来美味和营养的同时，还能因果蔬散发的香味，带来缓解压力、增加血液循环的效果。

****

推荐食材

生姜、胡椒、柑橘类(葡萄柚、柚子等)、猕猴桃、紫苏、油麦菜、芹菜、茼蒿、韭菜、葱等。

选E较多的女性

淤血型

血液内若含有杂质，会引起血液循环不佳的状态

因为血液循环不顺畅，血液内的代谢物凝聚，会使血液变得黏稠，这正是不新鲜的血液滞留在体内造成的。特别是女性发生这种情况较多，常见有肩颈酸痛、头痛及黑眼圈等症状。

生活方式

受寒会成为淤血产生的主要原因。生理期前和处于生理期，尤其在生理期前和处于生理期时受寒，会加剧血液循环不畅的情况，甚至经血中还带有血块，因此一定要避免让身体受寒。

若肌肤较容易产生粉刺、脓疱、粗糙、湿疹、暗沉、皱纹、黑眼圈等现象，建议以泡澡替代淋浴，可以起到促进血液循环的作用。

运　动

建议经常扭动臀部，活动腰腿，最好能坚持在早晚进行快走、慢跑等运动，可以起到促进骨盆周边的血液循环、去除淤血的效果。

应积极摄取的食物

不健康的食物会降低我们血液的质量，例如：咖啡、巧克力、肉类等，请尽量控制摄入。

醋和香味果蔬，都有促进血液循环的作用。在平日饮食中，建议多多摄入。

推荐食材

黑豆、黑木耳、韭菜、葱、大蒜、醋、生姜、姜黄。

水肿型

水分滞留，全身浮肿的状态

体液会随着血液一起流遍全身，体内水分滞留便会以浮肿的状态显现。多余的体液滞留体内反而使身体真正需要补充水分的地方得不到补给，水分代谢处于混乱的状态。主要特征是易腹泻和虚胖体质，以及经常出现浮肿的情况。

生活方式

这种类型一般不能很好地代谢体内的水分，原因在于输送水分的肌肉衰弱无力。充分运动，加强锻炼肌肉吧！

****

湿寒体质的人要注意，卧室一定要选在阳光充足的房间，并且要时常晒晒被子，泡澡时间尽可能久一些。

运动

有氧运动可以帮助排汗，慢跑(20分钟以上)最为适合。可以增加肌肉的适度运动对浮肿体质的人也是很有帮助的。

应积极摄取的食物

因为水分代谢不佳，容易导致虚胖的人群，需要注意对水分、酒精等的摄取量。

****

口渴的时候，尽量注意要喝温水并避免大口大口地喝水。

****

推荐食材

玉米、黄瓜、芹菜、白萝卜、土豆、冬瓜、豆芽菜、茄子、空心菜、生姜、西瓜、葡萄、草莓、猕猴桃、生梨等。

第4章

“健康美人”的美丽生活宝典

平日里点滴的改变，能否造就我们肌肤的改善?

让自己由内而外变美丽，成就自然美肌!

变身为不积累代谢物的排毒体质

体内排毒法

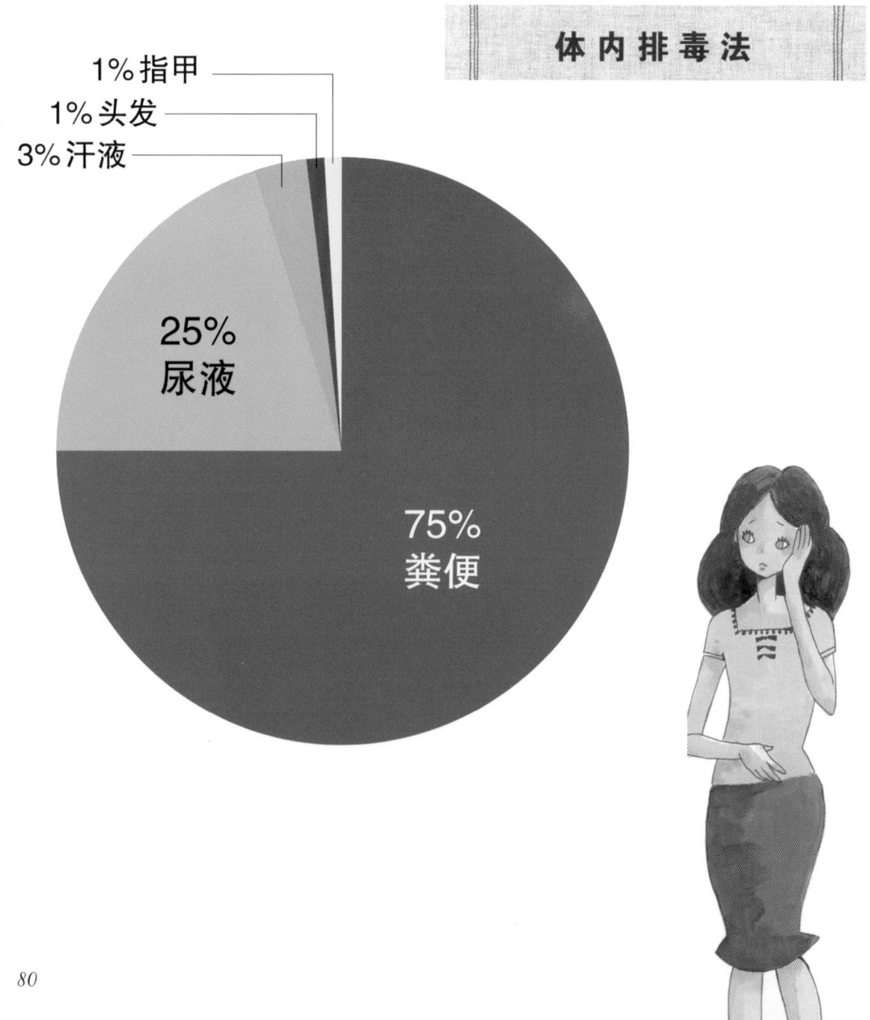

在美容中尤其是针对保养肌肤，我们着重要强调的是“排泄 = 排毒”。如果排毒不畅，那么肌肤的情况也就无法改善，当然对健康也是不利的。

排泄当然就是我们通常所说的把不需要的代谢物通过粪便、尿液、汗液的形式排出体外。彻底地排除掉体内垃圾后，身体自然会变得干净起来，那人体也就可以更高效地摄取新的营养物质。

不需要的物质，也就是老化的代谢物，会滞留在身体的各个地方。老化的代谢物都会通过淋巴来排出，而代谢不良的话，老化物滞留就会形成我们平日所说的淋巴结。因此，排毒需要通过刺激淋巴结，提高代谢水平，使代谢物最终转化成粪便排出体外。

排毒不畅的人群，直接表现为容易便秘、不易出汗的现象。很多顾客都有肠道不够干净的问题，吃下去的食物无法顺利排出，在肠道积累 3~4 天，这就好比堆积在厨房里的生活垃圾，大家都知道这是非常不好的。肝脏、肾脏功能减弱的话，肠道累积了大量的体内垃圾，产生的异味会转换成体臭散发出来，这个是大家都避之不及的吧。

为了排泄顺畅，人体需要大量摄取食物纤维、酵素等。若能正常排毒的话，不用特别费心，皮肤也会显得光滑细腻。

容易便秘、不易出汗的人群要多加注意了。
你的体内可能已经有垃圾物滞留！

健康膳食让身体由内而外变美丽

日　料

纳豆

尤其是摄入黏稠的部分会有意想不到的高保湿效果哦。

酱油、味噌

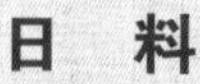

在日本的发酵食品会被制成调味料，每天都可以简单摄入。发酵食品有良好的抗氧化作用，就连保湿、排毒的效果也不错。

腌制菜

乳酸菌可以帮助调整肠道环境。如果担心有添加剂，建议自行腌制。

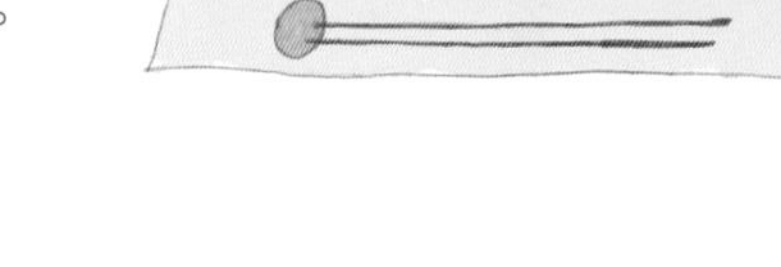

DIY 新鲜果汁

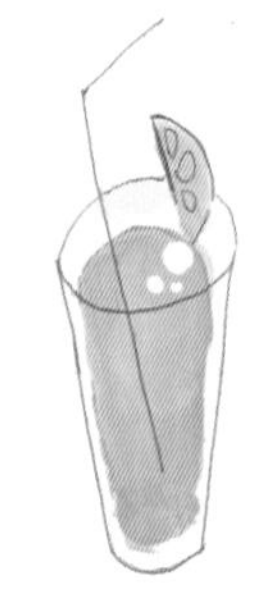

富含的美肌成分

维生素……可防止肌肤粗糙(维生素A)、可防止黑色素沉淀、可生成胶原蛋白(维生素C)

矿物质……抗氧化作用

食物纤维……预防便秘

酵素……维生素和矿物质的搬运作用

良好的饮食生活能带来自然健康的美肌。健康是美的根本,美肌需要人体不断摄入富含维生素的抗氧化食品、酵素、乳酸菌等。

酵素可以传输体内的养分,所以建议在平日的饮食中要有意识地多多摄入。

要知道,饮食摄入时间是很有讲究的。早晨是最佳的排出时间。早晨体内过多摄入,反而会导致排泄量减少,所以早晨不要吃得太多。12 点开始到下午 3 点是摄入营养和消化的黄金时间,因此可以多吃点。接下来的下午 3 点到晚上 8 点期间是营养吸收的时间,因此晚餐并不需要吃太多。

而接下来的时间段,从消除疲劳以及美容的角度来说都是肌肤修整的黄金时间。

晚上 10 点到深夜 2 点期间,一定要保证良好的睡眠质量。

之前也有提到过关于酵素及维生素的有效摄取,首要推荐的就是新鲜果汁,让你轻松做到营养满分。新鲜果汁最好是 DIY,建议在清晨空腹时饮用更佳,轻轻松松就能帮助排毒,若能摄入季节性的新鲜果蔬就更为理想了。

下页开始,来为大家介绍 DIY 新鲜果汁秘制配方。

早晨是排毒的最佳时间,建议来杯营养满分的新鲜果汁!

DIY新鲜果汁秘制配方

8种最受欢迎的美丽饮品

制作方法

制作时，只需先把较硬、较大的食材先切成小块。然后把所需食材集中放入搅拌机搅拌就大功告成了！

要　点

* 制作后必须马上饮用
* 购买果汁时请注意选择100%的鲜榨果汁
* 绿叶蔬菜的话，按每次所需的使用量分开冷冻保存
* 莓果类因为比较难购买到，购买冷藏品也可以

在我的沙龙，会依据顾客来店当天的状态，按顾客的喜好，用当季时令果蔬食材调制出新鲜果汁。

在客户群中，有食物过敏的顾客，也有为家人和小孩讨厌蔬菜而烦恼的顾客，大家都有各种各样的烦恼。因此我们为了解决顾客们的烦恼，准备了相应的食谱。

早晨是排毒最佳时间，因此身体健康的女性只要喝1杯富含营养的新鲜果汁就足够了。制作方法很简单，味道也很棒，即便不会做饭的人也可轻松DIY！因此大受好评，接下来就把独家秘方介绍给大家。

逆龄美肌术之DIY新鲜果汁三大优点

总之很简单！轻轻松松补充营养

只要把水果、蔬菜切成适当大小放入搅拌机就可以了！在平时膳食中较难摄入的维生素、矿物质、酵素、食物纤维等统统可以简单摄取。

总之很美味！

虽然知道果汁对身体是有益的，但总觉得黏糊糊的难以下咽，感觉不合口味的女性也大有人在。而逆龄美肌术DIY新鲜果汁的魅力在于美味的口感，使得挑剔的人群也能接受并做到每一天的坚持。

量身定做

水果、蔬菜所富含的营养物质是美容的瑰宝。特别是可以帮助我们摆脱肌肤粗糙、色斑等肌肤问题。另外，因为不会增加肠胃的负担，所以是无食欲、感冒、消化不良时的救星！

❊ 用绿色的力量焕然一新吧

绿色新鲜果汁

肌肤粗糙　月经不调　便秘　减肥

芹菜……10g
荷兰芹……5g
菠菜（生）……15g
葡萄柚汁……170g

葡萄柚和绿色系蔬菜富含维生素C，可以修整肌肤细胞。并且，荷兰芹、菠菜富有维生素K，可以增强骨质。食物纤维丰富，因此对排便不畅的人群也非常适宜。

❇ 酸甜可口的莓果让人神清气爽

胡萝卜莓果果汁

强化免疫力　改善视觉疲劳及肩颈酸痛

胡萝卜（需带皮煮过）……30g
蓝莓……20g
覆盆子……10g
苹果汁……140g

胡萝卜的胡萝卜素和蓝莓的多元酚具有明目的功效，并且，覆盆子含有丰富的铁质。酸甜口感的果汁，推荐不喜欢胡萝卜的小孩子也可以饮用哦。

❇ 只要1杯就可以让你能量满满

黄麻蜜桃果汁

浮肿 肌肤粗糙 预防便秘

黄麻（生）……10g
蜜桃……30g
蜜桃果汁……160g

富含维生素A、维生素B、钙质、铁质，黄绿色蔬菜中含量最高的就属黄麻。令人惊讶的是，它适宜和任何果汁搭配饮用。蜜桃含有丰富的食物纤维可以预防便秘，钾质可以预防浮肿。

❊ 尝尝不苦的苦瓜汁吧，可以减肥哦

苦瓜香蕉凤梨果汁

预防夏季体虚疲乏暑气　燃烧脂肪

苦瓜……15g
香蕉……30g
凤梨……60g
豆浆……30g
苹果汁……100g
低聚糖……10g

苦瓜特有的苦味对缓解夏季的疲乏倦怠、暑气等会有意想不到的大作用。并且，配合了按绝佳平衡口感设计的秘方，绝对不会让你觉得苦哦！豆浆中的大豆异黄酮有助于燃烧脂肪，凤梨中含有丰富的酵素，这是一杯减肥效果绝佳的果汁！

❇ 全面补充女性所需营养

无花果苹果果汁

调整女性激素　预防便秘　防止宿醉

无花果……2 个
豆浆……30g
苹果汁……100g
低聚糖……10g

◉ 温热饮用更美味

古往今来一直被用于入药的无花果，是具有很高营养价值及药用效果的水果。除了具有类似女性激素功效的成分外，还含有无花果蛋白酶这种蛋白质分解酵素，是预防便秘的最佳水果。

❋ 让你迷恋上这种清爽的口感

番薯豆浆果汁

肠道排毒　预防色斑，肌肤粗糙　预防感冒

番薯（需带皮煮过）……30g
豆浆……50g
生姜……5g
蜜桃汁……120g
低聚糖……10g

◉ 温热饮用更美味

番薯富含预防色斑、粉刺的维生素 C，素有“返老还童的维生素”之称的维生素 E，保持肌肤健康的维生素 A。还有调理肠胃的作用，是最适宜排毒的食材了。针对皮肤粗糙的女性也非常推荐哦。

❋ 用酵素的力量让肌肤变得光滑细腻

酒酿覆盆子果汁

肌肤粗糙　便秘　减肥　疲劳恢复　改善寒体症

覆盆子……15g
豆浆……30g
苹果汁……60g
酒酿……100g

◉ 温热饮用更美味

酒酿中的酵素对肠胃很温和，很适合肌肤粗糙、便秘、减肥者饮用。另外酒酿还可以抑制黑色素沉淀，因此美白效果也很值得期待。此外还富含维生素 B 群，易疲劳者也很适用。

❇ 让蜂蜜的力量养成不生病的体质

蜂蜜生姜果汁

促进血液循环　改善寒体症　预防感冒

蜂巢蜜……10g
生姜……5g
橙汁……50g
苹果汁……140g

◉ 温热饮用更美味

蜂巢蜜是指取自含有新鲜蜂蜜的整个蜂巢。蜂巢蜜富含的蜂胶可以提高免疫力。此外，里面还有蜂王浆等成分，营养也特别丰富，同时还带有抗菌的功效。生姜的辛辣成分对促进血液循环、预防寒体症都有良好的效果。

激发寒体症体质的新陈代谢

改善寒体症的方法

- 在温热的热水中舒舒服服泡个澡
- 不穿太过紧身的衣服
- 温热足部和颈部
- 积极食用时令蔬菜
- 进行散步等有氧运动
- 充足的睡眠

寒体症，在西医药医院通常不会被诊断为病症。但是从中医的角度来说，体内寒气过多是一种病症。那么，寒体症究竟会带来哪些危害呢？

首先，受寒会使血液循环变得不畅，身体变得僵硬。如此一来，新陈代谢无法顺利进行，体内代谢出来的老化物质无法顺利排出，滞留体内。这就是之前所说的排毒不畅的状态。如果肌肤无法通过新陈代谢生长出新的细胞，肌肤就会失去光泽和弹性，渐渐变得暗沉，色斑和皱纹会逐渐增多，脸部就会显老。

另外，寒体症不仅会影响肌肤的状态，对健康也是有很大影响的。身体变僵硬一开始可能只是觉得肌肉酸痛，但实际上若置之不理的话会引发更严重的疾病。其实，我们所说的“万病之源”就是从体寒开始的。

引发寒体症的原因一般多是因为穿着太过单薄、吃冰冷的食物、喝冰水或冷饮等等。比较意外的是，压力过大也会造成身体冰冷，身体和心理的紧张，身体的僵硬和虚寒，三者密切相关。

只有平日里时时注意保暖，才能避免寒气入侵体内。保暖，首要注意的是不能着装过于单薄，不仅是冬天，夏天到处都是空调，我们要注意避免被凉风吹到。晚上经常泡个热水澡或者足浴，可以让体质慢慢变暖起来。

舒缓的身心可以使身体不再僵硬，寒体症也会随之而去。让我们通过逆龄美肌术来改善僵硬的身体和亚健康状态，和寒体症说再见吧。

寒冷、紧张、身体僵硬称为“负面的恶性循环”，是美容与健康的大敌！

调节激素让自己更加美丽动人

激素失调会带来的不良影响

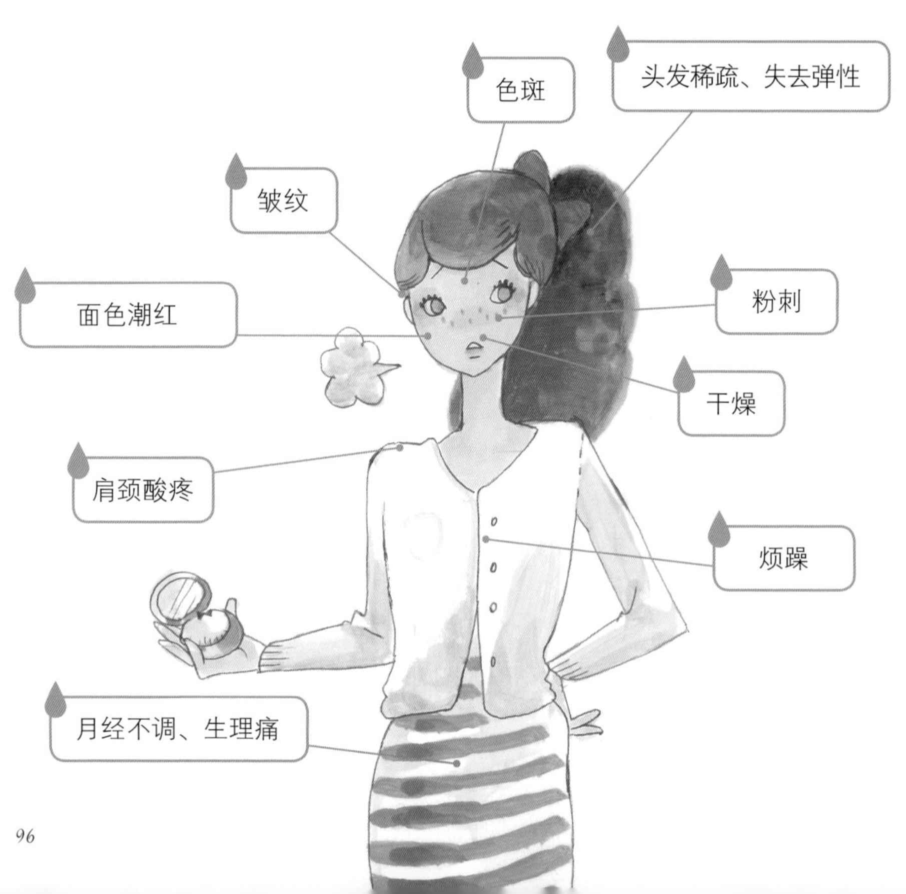

年轻的时候，可能大家对于激素均衡问题不会太过关注。但是，年龄到了 40 岁，激素对身体的影响逐渐显现，使你不得不开始重视它。

女性激素有两种，一种称为雌性激素的“卵泡细胞激素”，另一种称之为孕激素的“黄体酮激素”。这两者的均衡状态非常关键。通常日常的排卵可以起到逐步的调整作用。

女性到了 40 岁，体含肌肉量也会下降，自然卵巢产生激素的机能也会随之降低。这意味着，激素的均衡状态会受到较大影响。随之而来的症状表现为，更年期的提早、骨质疏松、关节疼痛、肌肤粗糙等各种衰老现象。

可能大家还不知道，我们平时的落发导致的头发稀疏，或者发质粗糙、无光泽也是由激素不调而引起的。激素的失衡，会直接导致诸多的不良影响，一定不能忽视哦。

卵巢是激素的故乡，那里一旦变硬，所有女性机能都有可能会降低。所以，从现在开始，记得充分对卵巢位置的肌肤进行按摩使其放松变得柔软。曾经发生过这样的案例，部分顾客在持续接受逆龄美肌术的治疗后，原本已经闭经的却又来了月经。

要想成为美女，首先不要忘记，女人是柔美的。还记得羽西的那句“没有丑女人，只有懒女人吗”？美丽是女人需要终生奋斗的事业，记得你想要的美，坚持平日里的锻炼，自然美丽的女人就这样可以轻松养成。

关注给女性身体带来巨大变化的两大女性激素！

适度的运动拥有健康美

寻找适合自己的运动

对自己无压力的运动才是适合自己的运动。

首先从适合自己的运动开始，不用勉强自己，循序渐进，为自身的健康添砖加瓦吧！

美肌所不可或缺的是以下4点:“排泄通畅”“健康饮食”“充足睡眠”“动起来”。

现代生活中,通常就会无意识地陷入运动不足的状态。我也曾经有过这样的经验,上班久坐不起是运动不足最典型的例子。长此以往,会引发下半身血液循环不佳,于是各种疼痛就发生了。况且,适度的疲劳才能保证我们有一个良好的睡眠。

所以说,我们人体是需要通过适度运动,保证一定的肌肉质量,同时也能起到缓解压力的效果。运动,从预防寒体症以及保持激素均衡的角度来看,绝对是好处多多的哦。

当然,并不是说只要运动了就凡事大吉了。根据每个人自身的体质找到最适合自己的运动方法才是最重要的。

例如,体质容易水肿的人如果去桑拿或者做热瑜伽,效果反而会适得其反。因为在水蒸气多的环境下,反而会让水分聚集在体内。

再者,按性格的不同,所适合的也各不相同。比如,外向的人就比较适合爵士舞和肚皮舞,而不是短跑,但对喜欢安静的人,就推荐瑜伽了。

强化肌肉的运动可以增加卡路里的消耗,同时也是消除压力的绝佳秘方。适合自己的才是最好的,让我们释放压力一起动起来吧!

活动身体,就可以拥有带有柔韧性的强健体魄,寒体症、压力统统被击退,好处多多!

女为悦己者容

提升兴致的方法

- 恋爱
- 寻找自己的心动对象（偶像、演员等）
- 建立自信，不要自卑
- 用心呵护自己的身体
- 用香薰来舒缓身心
- 装扮自己
- 寻找快乐，做自己喜欢的事

常言道:“凡事讲究精、气、神”“美由心生”。试试看,时时保持着一颗女人娇嫩的心,带着这样的心情去面对美好的每一天,仔细观察在这愉悦心情下身体悄悄发生的美好变化吧!

可能你会觉得“这是骗人的吧”,但这的确是事实。首先,我来分享一个发生在我们顾客身上的事例吧。

店里常会来一些专业的模特。她们的烦恼大多是“我不仅要变瘦,我还需要拥有女人味的身体线条”。我在用逆龄美肌术给她们做保养的同时,也给出了这样的建议。

“要不要试试看谈一场恋爱?”

她们中有人半信半疑地找到了恋爱对象,仅几个礼拜的时间就仿佛变了一个人似的。身线紧致、线条清晰、浑身散发着女人味,无论是肌肤还是气色都变好了。

实际上,比起任何美容手法,见效最快的就是让自己保持良好的心情。学会感动,感受激动,你会感觉到浑身充满了力量。

赶紧去寻找你的新恋情吧,哪怕只是对偶像的一种虚幻的爱慕!一个女人,如果一旦失去了爱的力量,那她还剩下什么呢?要爱美,先要学会爱自己。学会挑选你喜爱的衣服穿,学会挑选你喜爱的香味放松自己,只要是让自己情绪高涨的事,都会对“美”有效果。

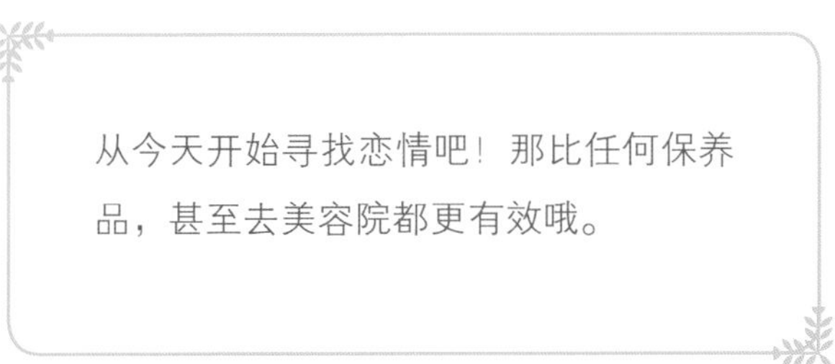
从今天开始寻找恋情吧!那比任何保养
品,甚至去美容院都更有效哦。

后 记

在沙龙接受过体验的人都会说“感觉太棒啦”“脸部果然感觉不同啦”等等。至今，有很多来沙龙接受过逆龄美肌术的顾客都觉得自身的肌肤状态得到很大程度的改善，就算贴得再近，也不怕异性对自己肌肤的直视了。这是大家能坚持逆龄美肌术的原动力，而时至今日，我自身也早就对逆龄美肌术上了瘾。

我开始研究逆龄美肌术是源于多年前那次流产，那之后我开始注意改善生活方式。如今的我，新朋友们见到我后都会夸我长相年轻，老朋友们都说我有似返老还童，这都是逆龄美肌术的功劳，我实际已经不再使用高价的保养品和去昂贵的美容院了。这么好用的逆龄美肌术，我希望每一个阅读本书的读者都能获得更好的体验。

在此，我要特别感谢出版社给了我这个机会。还要感谢编辑、美发、美工以及顾客们的积极合作。是你们的努力，我们才能共同完成此书。

最后，我要沉痛悼念并感谢为本书提供了大量帮助的已故大箸小姐。

永井佳子